普通高等教育“十三五”规划教材

高等学校计算机规划教材

Java 程序设计基础教程

谷志峰　琚伟伟　主编

李同伟　副主编

電子工業出版社

Publishing House of Electronics Industry

北京·BEIJING

内 容 简 介

本书将Java语言作为大学生计算机程序设计的入门语言，其特色是通俗易懂、案例充盈。书中详细介绍Java入门必备的基础语法及面向对象的编程思想。全书共9章，内容包括：Java语言概述，数据类型、运算符和表达式，控制结构和控制语句，数组和字符串，类和对象，继承、多态和接口，集合和泛型，异常处理，常用类。本书所有知识点都结合具体实例进行讲解，力求做到案例教学、项目驱动。

本书体系结构合理，章节设置得当，非常适合作为本专科学院计算机及信息工程类专业程序设计语言的入门教材，也适合作为Java初学者的入门自学教材。

图书在版编目（CIP）数据

Java 程序设计基础教程 / 谷志峰，琚伟伟主编. —北京：电子工业出版社，2016.6
普通高等教育“十三五”规划教材
ISBN 978-7-121-28493-9

I. ①J… II. ①谷… ②琚… III. ①JAVA 语言－程序设计－高等学校－教材 IV. ①TP312

中国版本图书馆 CIP 数据核字（2016）第 066138 号

策划编辑：王晓庆
责任编辑：王晓庆
印　　刷：北京虎彩文化传播有限公司
装　　订：北京虎彩文化传播有限公司
出版发行：电子工业出版社
　　　　　北京市海淀区万寿路 173 信箱　　邮编：100036
开　　本：787×1092　1/16　　印张：13.25　　字数：339 千字
版　　次：2016 年 6 月第 1 版
印　　次：2022 年 1 月第 9 次印刷
定　　价：36.00 元

凡所购买电子工业出版社图书有缺损问题，请向购买书店调换。若书店售缺，请与本社发行部联系，联系及邮购电话：（010）88254888，88258888。

质量投诉请发邮件至 zlts@phei.com.cn，盗版侵权举报请发邮件至 dbqq@phei.com.cn。

本书咨询联系方式：（010）88254113，wangxq@phei.com.cn。

前　言

Java语言是当前比较流行的一门语言，是计算机类及信息工程类专业必开的一门课程。目前计算机类本科学生一般在大二或大三才开始开设Java课程，在学习Java语言之前往往还要学习C语言、C++等前修课程，C语言、C++的语法和Java语言是非常相近的，学完这些课程再学习Java语言，一方面学生会感觉到内容重复，从而会产生学习动力不足的情况，另一方面也浪费了很多宝贵的时间。作者认为对于计算机类及信息工程类的学生来说，Java课程完全可以放在大一开设，但目前市面上很难找到一本适合大一学习的Java教材。目前市面上的Java教材大都是用大量的篇幅介绍面向对象，而刻意淡化Java的基础语法知识；面向对象是Java的精华所在，详细介绍并不为过，但是这样的篇幅安排，对于Java的初学者是非常不利的。

另外，Java程序开发主要有三个方向：Java SE、Java EE、Java ME，这三个方向的开发对Java知识的侧重点也是不一样的，例如，Java EE主要进行Java Web开发，就不需要Java界面编程的知识，而Java ME主要进行手机等手持设备开发，对Java界面编程的知识要求就比较高。而目前市面上的Java教材往往是大而全的，这样的教材会增加学生的学习负担和经济负担。

本书主体内容是围绕Java基础语法和面向对象这两个核心内容展开的，详细介绍了Java最基础的语法知识和面向对象的编程思想。内容包括Java语言概述，数据类型、运算符和表达式，控制结构和控制语句，数组和字符串，类和对象，继承、多态和接口，集合和泛型，异常处理，常用类。这样的结构安排使得本书既适合没有语言基础的初学者进行学习，又兼顾Java程序开发的方向性，对于Java ME的开发方向，学完本书后只需要再自学界面编程及多线程等知识即可，而对于Java EE的开发方向，本书的内容已经足够应付该方向的Java知识需求。

本书通俗易懂，案例充盈，将复杂的知识点寓于案例中，力求做到案例教学；对于重要的章节都设有大的应用案例，应用案例尽可能将本章所有知识点融于其中，力求做到项目驱动；使用本书作为教材，将使得案例教学、项目驱动成为一件很容易做到的事情。

本书的参考教学时数在72学时以内，可作为普通院校计算机及信息工程或相关专业本科生的教材或参考书，也可供相关领域的读者参考。本书提供配套电子课件，请登录华信教育资源网（http://www.hxedu.com.cn）注册下载，也可联系本书编辑（010-88254113，wangxq@phei.com.cn）索取。

本书由谷志峰、琚伟伟任主编，负责全书统稿，李同伟任副主编。具体分工为：第4章、第5章、第7章由谷志峰负责编写；第2章、第3章、第6章由琚伟伟负责编写；第1章、第9章由李同伟负责编写；第8章由苏向英负责编写。

本书的出版得到了河南科技大学软件学院及教务处的大力支持，软件学院的霍华、刘欣亮、叶传奇、张虎老师对本书的编写提出了很多宝贵的意见。另外，本书的出版也得到了国家自然科学基金（11404096，U1404609）、河南省高等学校重点科研项目（16A140008）、河南科技大学博士科研启动基金的资助。在此，我们一并表示衷心的感谢。

尽管在编写过程中，我们本着科学严谨的态度，力求精益求精，但错误、疏忽之处在所难免，敬请广大读者批评指正。

编　者

2016年4月于河南科技大学

目　　录

第 1 章　Java 语言概述

Java 语言是目前比较流行的一门语言，据各大招聘网站统计，目前国内的软件开发市场中，Java 程序员的需求量基本占到 45%左右，市场占有率非常高。Java 程序开发主要有三个方向：Java SE、Java EE、Java ME。

Java SE 是 Java 平台标准版的简称（Java Platform，Standard Edition）(also known as Java 2 Platform)，用于开发和部署桌面、服务器及嵌入设备与实时环境中的 Java 应用程序。Java SE 包括用于开发 Java Web 服务的类库，同时，Java SE 为 Java EE 提供了基础。

Java EE 是 Java 平台企业版的简称（Java Platform，Enterprise Edition），用于开发便于组装、健壮、可扩展、安全的服务器端 Java 应用。Java EE 建立于 Java SE 之上，具有 Web 服务、组件模型及通信 API 等特性，这些为面向服务的架构（SOA）及开发 Web2.0 应用提供了支持。Java EE 基于 Java SE，此外新加了企业应用所需的类库。

Java ME 是 Java 微型版的简称（Java Platform，Enterprise Edition），是一个技术和规范的集合，它为移动设备（包括消费类产品、嵌入式设备、高级移动设备等）提供了基于 Java 环境的开发与应用平台。Java ME 目前分为两类配置，一类是面向小型移动设备的 CLDC（Connected Limited Device Profile），一类是面向功能更强大的移动设备如智能手机和机顶盒，称为 CDC（Connected Device Profile）。

不管是 Java SE、Java EE，还是 Java ME 开发，所依赖的开发基础都是 Java 程序设计语言，所以 Java 语言基础的重要性就越发凸显出来。

1.1　Java 语言简介

计算机语言更新换代的速度是比较快的，Java 语言是目前比较新的一种语言，是由 Sun Microsystems 公司（Sun Microsystems 公司目前被甲骨文公司并购）开发而成的新一代编程语言。使用它可在各式各样不同机器、不同操作平台的网络环境中开发软件，Java 语言是一种为网络量身定做的语言，是目前 Web 应用的主要开发语言。它彻底改变了应用软件的开发模式，为迅速发展的信息世界增添了新的活力。

1991 年，Sun Microsystems 公司的 James Gosling、Bill Joe 等人，为在电视、控制烤面包箱等家用消费类电子产品上进行交互式操作而开发了一个名为 Oak 的语言。Oak 语言是在 C 和 C++计算机语言的基础上进行简化和改进的一种语言，很快 Sun Microsystems 公司重新给这种语言命名为 Java 计算机语言。

1993 年之后，WWW 已如火如荼地发展起来。Sun Microsystems 公司重新分析市场需求，Gosling 意识到 WWW 需要一个中性的浏览器，它不依赖于任何硬件平台和软件平台。它应是一种实时性较高、可靠安全、有交互功能的浏览器，于是 Gosling 决定用 Java 开发一个新的 Web 浏览器。实践证明 Sun Microsystems 公司的这次市场决策是非常成功的。

1995 年 Sun Microsystems 公司在“Sun world95”大会上正式向 IT 业界推出了 Java 语言，

这种语言具有安全、跨平台、面向对象、简单、适用于网络等显著特点，而这个时期以 Web 为主要形式的互联网应用正在迅猛发展，这时几乎所有程序员和软件公司对 Java 语言的出现表现出了极大的关注，开发人员纷纷尝试用 Java 语言编写网络应用程序，他们的努力使 Java 语言朝着网络应用的方向飞速发展，Java 的地位也随之得到肯定。又经过一年的试用和改进，Java 1.0 版终于在 1996 年年初正式发表。

1999 年，Sun Microsystems 公司重新组织 Java 平台的集成方法，将 Java 2 平台分为三大块：J2SE，J2EE，J2ME。这次市场推广革命顺应了网络急速发展的潮流，对 Java 2 平台的发展起到了很好的催化剂的作用，使得 Java 语言可以支持智能消费型电子产品的开发、各种应用程序的开发，尤其是 Web 应用程序的开发。

2000 年 5 月 8 日，J2SE 1.3 发布，2002 年 2 月 26 日，J2SE 1.4 发布，自此 Java 的计算能力有了大幅提升。2004 年 9 月 30 日，J2SE 1.5 发布，J2SE 1.5 发布成为 Java 语言发展史上的又一里程碑。为了表示该版本的重要性，J2SE 1.5 更名为 Java SE 5.0，2006 年 12 月，Sun Microsystems 公司发布了 Java 6.0，2009 年 04 月 20 日，Oracle 公司 74 亿美元收购 Sun Microsystems，取得 Java 的版权。2011 年 7 月 28 日，Oracle 公司发布 Java 7.0 的正式版。2014 年 3 月 19 日，Oracle 公司发布 Java 8.0 的正式版。

1.2 Java 语言的特点

Java 语言是一种为网络量身定做的语言，它的基本结构与 C 语言极为相似，但却简单得多，摒弃了 C 语言中较为复杂的指针技术，同时它又集成了其他一些语言的特点和优势，Java 语言的主要特点如下。

1. 面向对象性

Java 语言是一种纯粹的面向对象的语言，Java 语言的设计完全是面向对象的，它不支持类似 C 语言那样的面向过程的程序设计技术。所有的 Java 程序和 applet 均是由类构成的，类是 Java 程序的基本组成单元，Java 支持静态和动态风格的代码继承及重用。

2. 平台无关性

Java 与平台无关的特性使得 Java 应用程序可以在配备了 Java 解释器和运行环境的任何计算机系统上运行，这成为 Java 应用软件便于移植的良好基础。但仅仅如此还不够，如果基本数据类型设计依赖于具体实现，也将为程序的移植带来很大不便。Java 通过定义独立于平台的基本数据类型及其运算，使 Java 数据得以在任何硬件平台上保持一致，这也体现了 Java 语言的可移植性。还有 Java 编译器本身就是用 Java 语言编写的，Java 运算系统的编制依据 POSIX 方便移植的限制，用 ANSIC 语言写成，Java 语言规范中也没有任何“同具体实现相关”的内容，这说明 Java 本身也具有平台无关性，使得 Java 语言具有很好的可移植性，从而可以实现“一次编写，多处使用”。

3. 开源性

开源不是开放编译器的源代码，而是写了一个软件，然后把这个软件的源代码发布到网上，让大家都可以学习、改进，这就是开源。开源要符合一定的规范，Java 语言就具备开源性，开源的特点使得 Java 语言非常适合互联网时代的“我为人人，人人为我”的互联网精神，从而也使得 Java 更加适合互联网开发。

4. 分布式

Java 包括一个支持 HTTP 和 FTP 等基于 TCP/IP 协议的子库，因此，Java 应用程序可凭借 URL 打开并访问网络上的对象，就像访问本地文件一样简单方便。Java 的分布性为在分布环境尤其是 Internet 下实现动态内容提供了技术途径。

5. 健壮性

Java 是一种强类型语言，它在编译和运行时要进行大量的类型检查。类型检查可以检查出许多开发早期出现的错误。Java 自己操纵内存减少了内存出错的可能性。Java 的数组并非采用指针实现，从而避免了数组越界的可能。Java 通过自动垃圾收集器避免了许多由于内存管理而造成的错误。Java 在程序中由于不采用指针来访问内存单元，从而也避免了许多错误发生的可能。

6. 结构中立

作为一种网络语言，Java 编译器将 Java 源程序编译成一种与体系结构无关的中间文件格式。只要有 Java 运行系统的机器，都能执行这种中间代码，从而使同一版本的应用程序可以运行在不同的平台上。

7. 安全性

作为网络语言，安全是非常重要的。Java 的安全性可从两个方面得到保证。一方面，在 Java 语言中，指针和释放内存等 C++功能被删除，避免了非法内存操作。另一方面，当 Java 用来创建浏览器时，语言功能和一类浏览器本身提供的功能结合起来，使它更安全。Java 语言在机器上执行前，要经过很多次测试。它经过代码校验、检查代码段的格式、检测指针操作、对象操作是否过分及试图改变一个对象的类型。另外，Java 拥有多个层次的互锁保护措施，能有效地防止病毒的入侵和破坏行为的发生。

8. 高性能

虽然 Java 是解释执行程序，但它具有非常高的性能。另外，Java 可以在运行时直接将目标代码翻译成机器指令。

9. 多线程

线程有时也称小进程，是一个大进程中分出来的小的独立运行的基本单位。Java 提供的多线程功能使得在一个程序中可同时执行多个小任务，即同时进行不同的操作或处理不同的事件。多线程带来的更大的好处是具有更好的网上交互性能和实时控制性能，尤其是实现多媒体功能。

10. 动态性

Java 的动态特性是其面向对象设计方法的扩展。它允许程序动态地装入运行过程中所需要的类，而不影响使用这一类库的应用程序的执行，这是采用 C++语言进行面向对象程序设计时所无法实现的。

正是由于这些特点，Java 在企业级市场具有绝对的垄断地位，市场占有率应该超过 80%。在消费市场，其地位也非常稳固。根据 Java 官方提供的数据，基于 Java 的媒体设备已达 1.25 亿台，Java 卡的出货量也已超过了 100 亿个。在全球范围内，Java 技术已广泛应用于提高道路和航空安全性、从大洋深处采集科学应用所需的信息、提升作物质量、通过量化处理来协助战胜饥饿、模拟人的大脑与肌骨系统及游戏等各个领域。

1.3 搭建 Java 开发环境

Java 程序是运行在 Java 的虚拟机即 JVM 上的，所以 Java 程序的开发首先需要搭建开发环境，搭建 Java 开发环境主要包括如下几个步骤：下载并安装 Java Develop Kit（JDK）；配置环境变量。下面分别进行详细介绍。

1. 下载 JDK

读者可到 Oracle 公司的 Java SE 的下载主页（如图 1-1 所示）http://www.oracle.com/technetwork/java/javase/downloads/index.html 下载 JDK 软件，不是 Java 程序的开发者，仅仅想在自己的系统中运行 Java 程序，那么只需一个 JRE 就可以了；如果想使用 Java 开发自己的应用程序，则需要下载 JDK，其中已包含 JRE，因此下载了 JDK 后无须再单独下载 JRE。

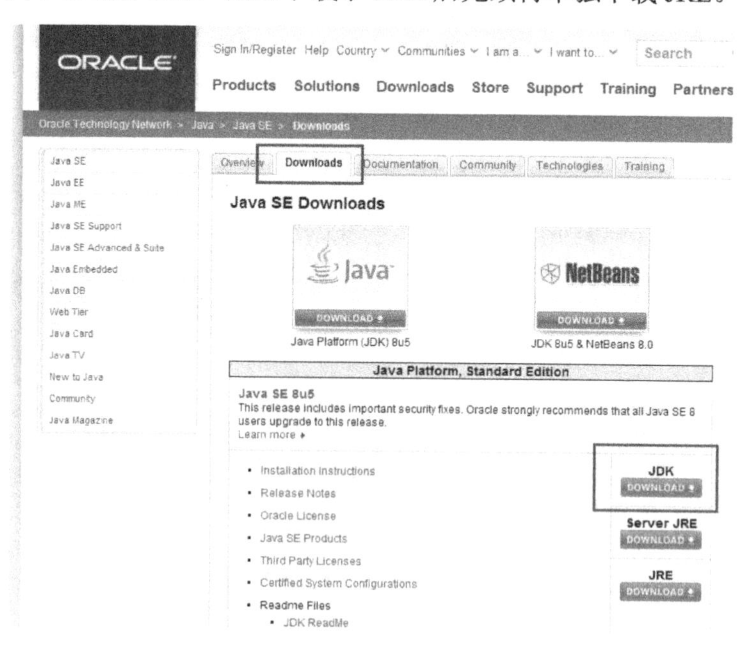

图 1-1 Java SE 的下载主页

单击 DOWNLOAD JDK 链接后，进入下载选择界面（如图 1-2 所示），勾选 Accept License Agreement（接受服务条款），操作系统分为 32 位操作系统和 64 位操作系统，对应地，JDK 也分为 32 位版和 64 位版（名称中带有“i586”或“x86”的为 32 位版，带有“x64”的则表示该 JDK 为 64 位版）。64 位版 JDK 只能安装在 64 位操作系统上，32 位版 JDK 则既可以安装在 32 位操作系统上，也可以安装在 64 位操作系统上。原因是 64 位的操作系统能够兼容 32 位的应用程序。

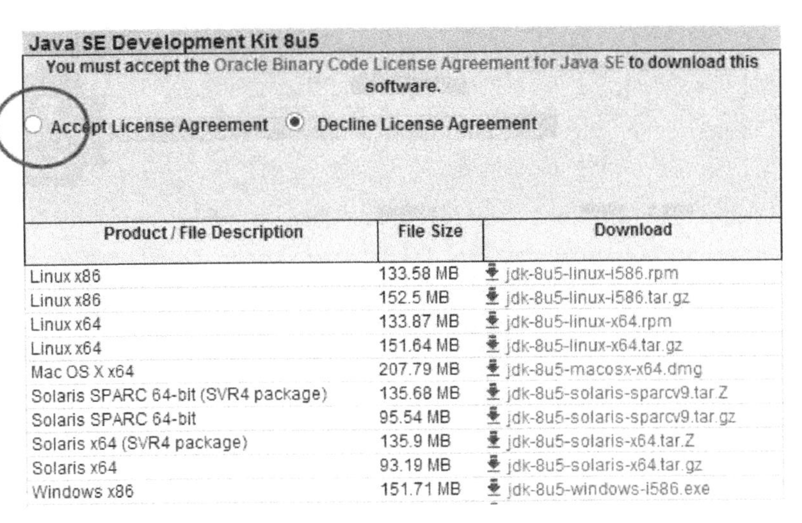

图 1-2　下载选择界面

2．安装 JDK

在 Windows 下安装 JDK 与安装其他程序的步骤基本相同，下面进行详细介绍。

在 Windows 中，双击刚才下载的 JDK 安装文件，就会打开安装界面，如图 1-3 所示。

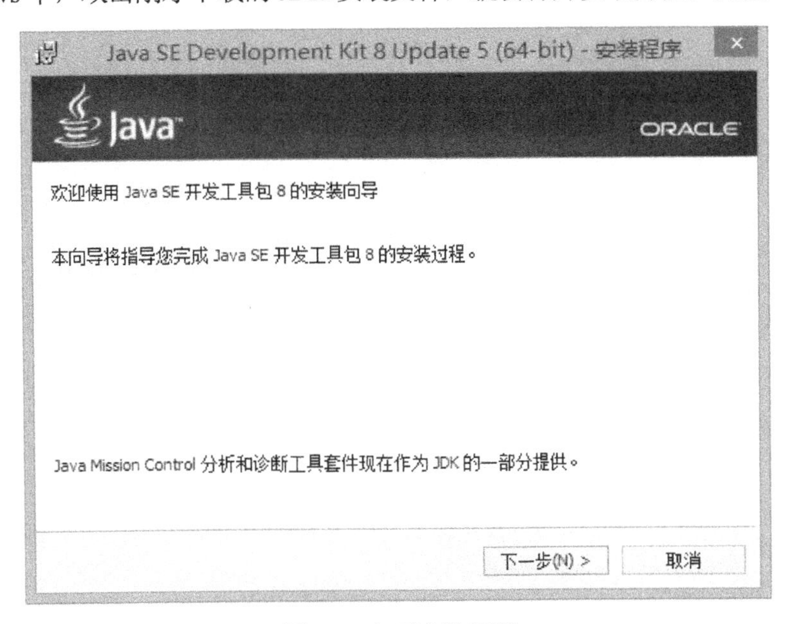

图 1-3　打开安装界面

单击“下一步”按钮，进入界面如图 1-4 所示。

选择安装路径，一般是默认安装路径，选择完成后，单击“下一步”按钮，这时就会进行安装了，中间遇到选择项，请选择默认项直到出现如图 1-5 所示界面。

继续单击“下一步”按钮，将会出现如图 1-6 所示界面。

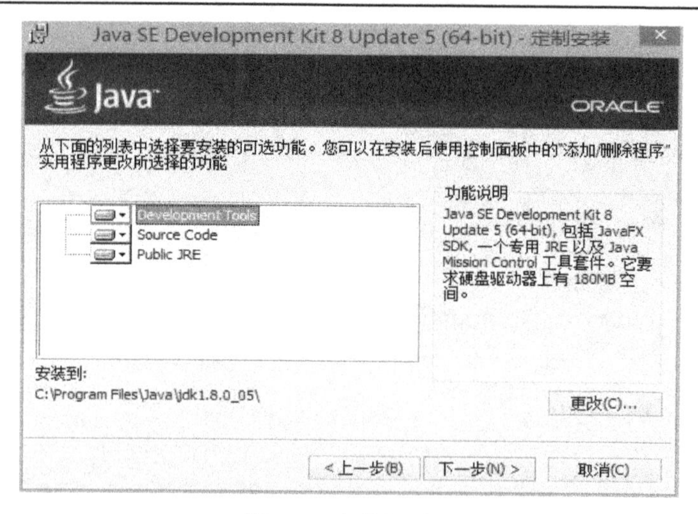

图 1-4　安装界面 1

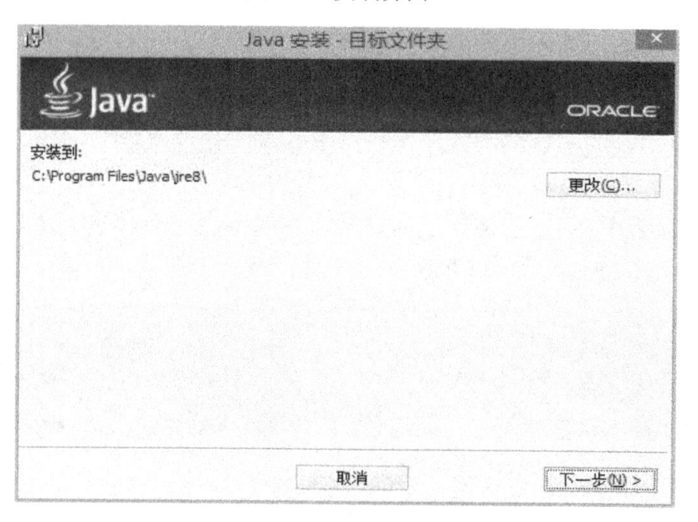

图 1-5　安装界面 2

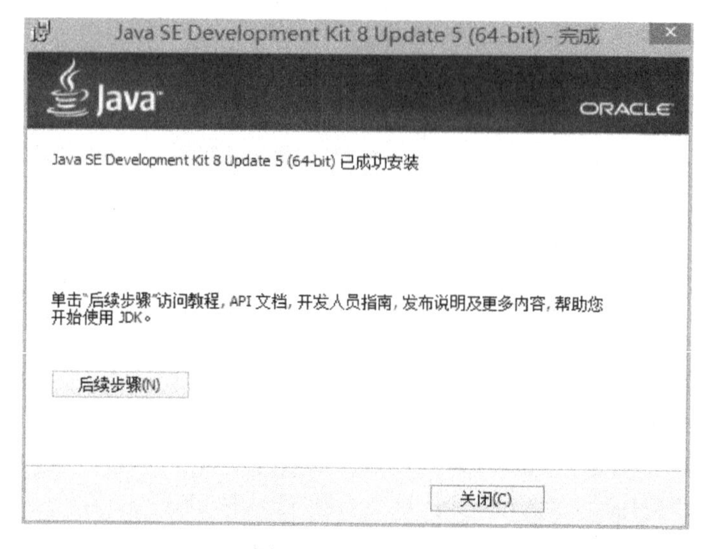

图 1-6　安装界面 3

单击“关闭”按钮，JDK 安装到此完成。来到安装文件夹下，即可以看到已安装的 JDK 的目录结构，如图 1-7 所示。

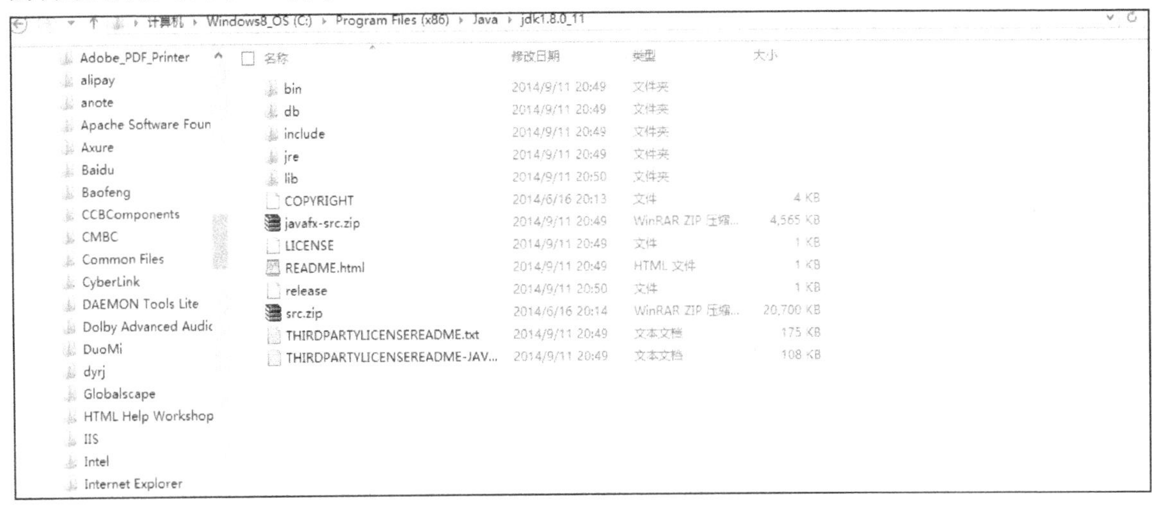

图 1-7　已安装的 JDK 的目录结构

JDK 安装完成后，还需要进行系统环境变量的配置。

3. 配置环境变量

所谓环境变量，就是在操作系统中一个具有特定名字的对象，它包含了一个或多个应用程序所将使用到的信息。如果安装完 JDK 之后，不配置 Java 的环境变量，那么在 DOS 命令行环境下就找不到 Java 的编译程序和 Java 的运行程序，也就不能在 DOS 环境下进行 Java 编译与运行程序了。与 JDK 或 JRE 的使用有关的是 path、classpath 两个环境变量。path 变量中存储的是 JDK 命令文件的路径，path 变量用来告诉操作系统到哪里去查找某个命令，只有设置好 path 变量，才能正常地编译和运行 Java 程序。classpath 则表示的是“类”路径，classpath 变量中存储的是 JDK 的类文件的路径，classpath 变量用来告诉 Java 执行环境，在哪些目录下可以找到执行 Java 程序所需要的类或包，在这些包中包含了常用的 Java 方法和常量。path 变量的值是 JDK 命令文件的路径，它的值应该设置成：“C:\Program Files (x86)\Java\jdk1.8.0_11\bin;”。classpath 变量的值是 JDK 类文件的路径，它的值应该设置成：“.;C:\Program Files (x86)\Java\jdk1.8.0_11\lib;”。注意 C:\Program Files (x86)是根路径，用户可以根据自己 JDK 的安装位置，调整 C:\Program Files (x86)的值。下面分别对这两个环境变量进行设置。

选中桌面“计算机”，右击“属性”，然后，选择左边的“高级系统设置”，如图 1-8 所示。

单击“环境变量”按钮，进入环境变量设置，在该界面可以建立新的系统变量，也可以对已经存在的系统变量进行修改或删除，如图 1-9 所示。

单击“新建”按钮，添加一个名字是 path 的环境变量，变量的值是：“C:\Program Files (x86)\Java\jdk1.8.0_11\bin;”，如图 1-10 所示。

输入完成后，单击“确定”按钮，即可进行保存。path 变量就出现在了系统变量列表中了，如图 1-11 所示。

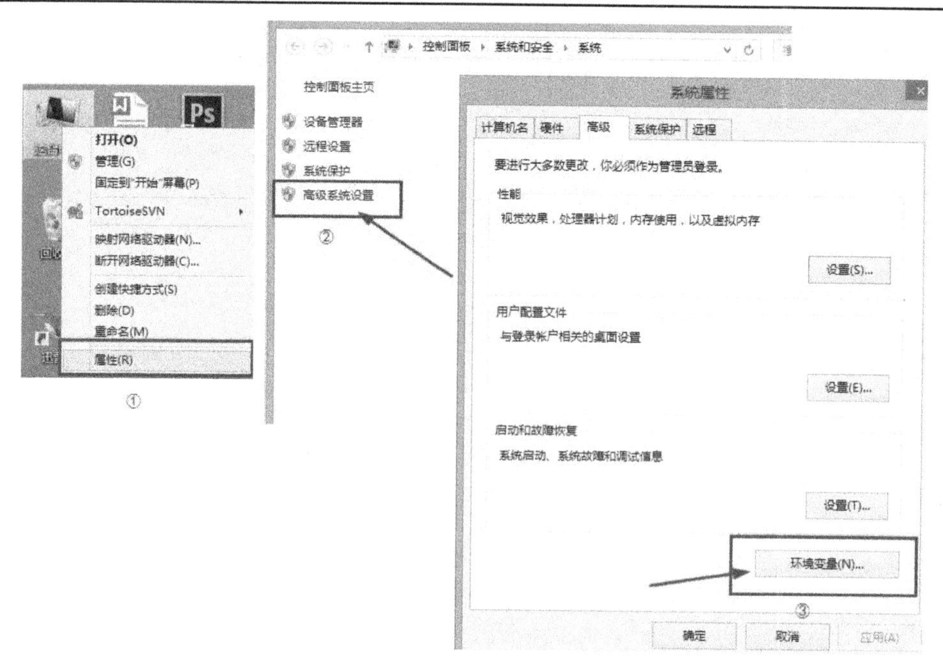

图 1-8　高级系统设置

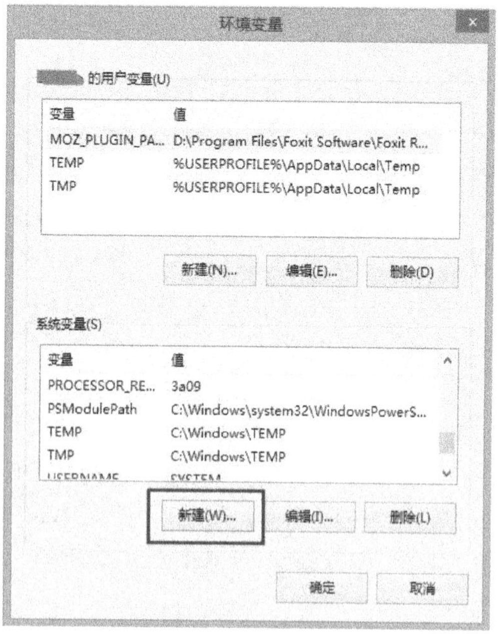

图 1-9　环境变量

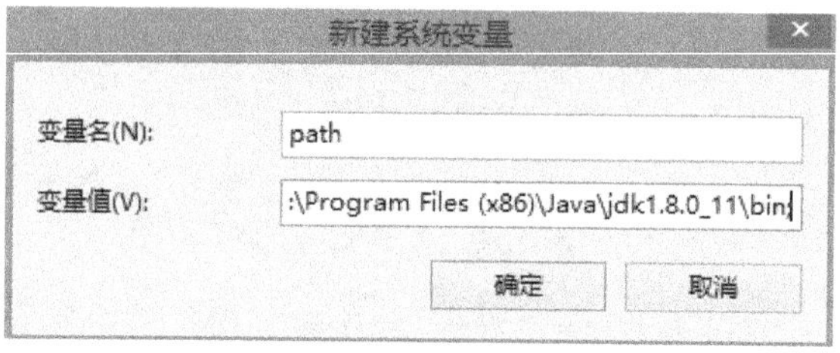

图 1-10　新建系统变量

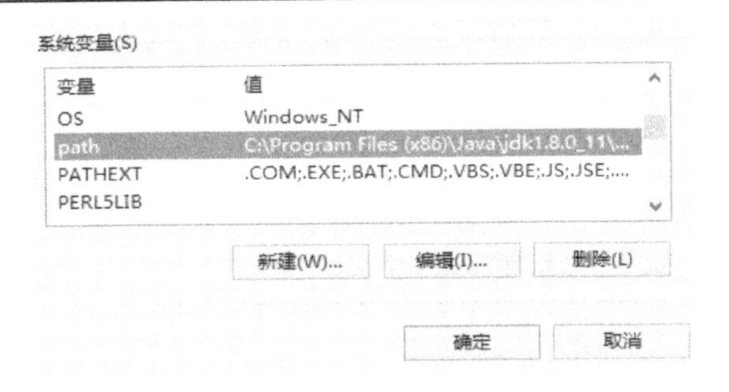

图 1-11　系统变量列表

注意：因为安装某些其他软件也需要配置 path 变量，可以选中 path 变量，单击“编辑”对该变量进行编辑，如果因为其他软件 path 变量问题，使得 JDK 运行异常，可以将 Java 的 path 变量的值，放在其他软件 path 变量的值的前面，最后以分号结束，这样就能解决这个问题。

然后来配置 classpath 环境变量，单击“新建”按钮，添加一个名字是 classpath 的环境变量，变量的值是：“.;C:\Program Files (x86)\Java\jdk1.8.0_11\lib;”，如图 1-12 所示。

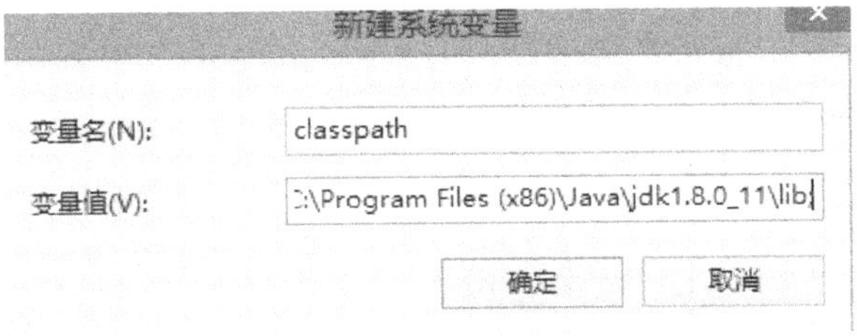

新建系统变量
变量名(N): classpath
变量值(V): :\Program Files (x86)\Java\jdk1.8.0_11\lib;
确定　取消

图 1-12

输入完成后，单击“确定”按钮，即可进行保存。至此环境变量配置完成，在以下小节中将通过第一个 Java 程序的编写和运行，来测试环境变量的配置是否正确。

1.4　第一个 Java 程序

在 1.3 节配置好了开发 Java 的环境变量，本节将编写一个简单的 Java 程序，并进行运行，以便测试 1.3 节所配置的环境变量是否有效。Java 程序开发的基本过程是：程序编写，程序编译，程序运行。按照这个步骤，我们在 DOS 环境下进行第一个 Java 程序的编写和运行。

1. 程序编写

在软件开发教学中，经常用 HelloWorld 程序作为教学的第一个程序。HelloWorld 程序非常简单，作用仅仅是在控制台输出“HelloWorld”字符串，如果正常输入，则表明开发环境的搭建是正确的。Java 程序是一门纯粹的面向对象的语言，在 Java 程序中，类是组成程序的基本单位，一个 Java 程序可以由多个类组成，但其中只能有一个访问修饰符是 public 的类，并且 Java 程序的文件名必须和这个 public 类的类名相同。Java 程序可以分为 Java Application（Java 应用程序）和 Java Applet 程序，现在 Java Applet 因为其自身的一些不足之处，在实际应用中已经很少有人在用了，所以本书中以后所提到的 Java 程序都专指 Java 应用程序。在 Java

应用程序中，有且仅有一个 main 函数。下面以 HelloWorld 程序为例，简单介绍 Java 应用程序的程序结构。

代码如下：

```
// 一个文件中只能有一个共有的类，并且与文件名称一致，大小写注意
public class HelloWorld{
// main 方法是 Java 应用程序的入口
  public static void main(String args[]){
  // println 语句作用是向控制台输出信息
    System.out.println("HelloWorld");
  }
}
```

在以上代码中，//的作用是单行注释，单行注释的注释内容写在//后面。Java 中有三种注释，除了//之外，还有/* ... */和/** ... */，后两种是多行注释，区别是/** ... */可以使用 javadoc 命令生成 Java 的帮助文档。在实际项目中使用得非常多，注释的作用是增加程序的可读性，对代码的编译和运行是没有影响的。

将编写好的程序存储在文件名是 HelloWorld.java 的文件中，将该文件放在 E 盘的根目录下。

2. 程序编译

在运行窗口输入 cmd（如图 1-13 所示），进入 DOS 开发界面（如图 1-14 所示）。

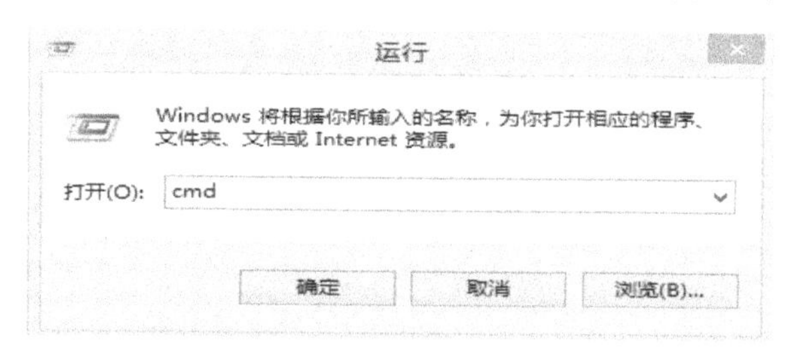

图 1-13 在运行窗口输入 cmd

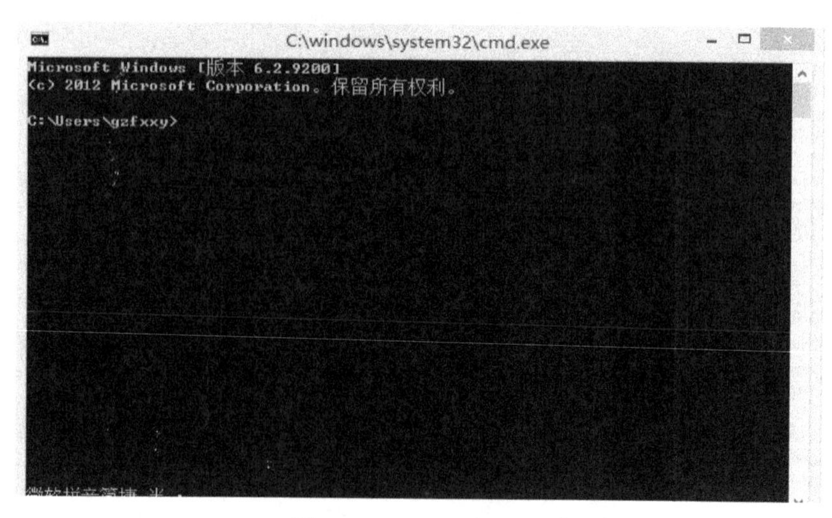

图 1-14 DOS 开发界面

在 DOS 界面下，输入 E:，回车切换到 E 盘根目录下，如图 1-15 所示。

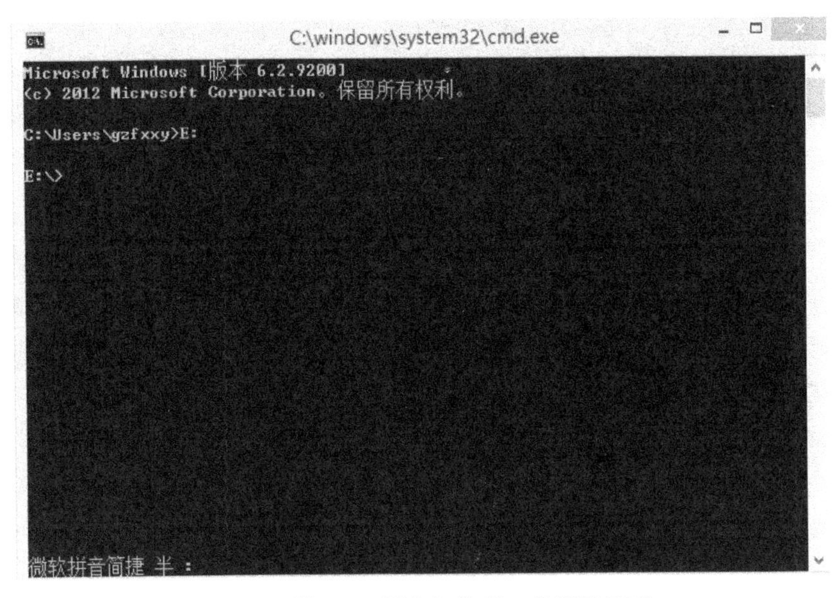

图 1-15　输入 E: 回车切换到 E 盘根目录下

在环境变量配置好的情况下，在 DOS 的 E 盘根目录下，输入 javac HelloWorld.java（如图 1-16 所示），然后回车。其中 javac 是 JDK 中编译 Java 文件的命令，HelloWorld.java 是之前已经编写好的 Java 程序。如果程序有错误，那么将会在 DOS 界面下显示错误信息，否则对文件进行编译，并生成一个 HelloWorld.class 文件。

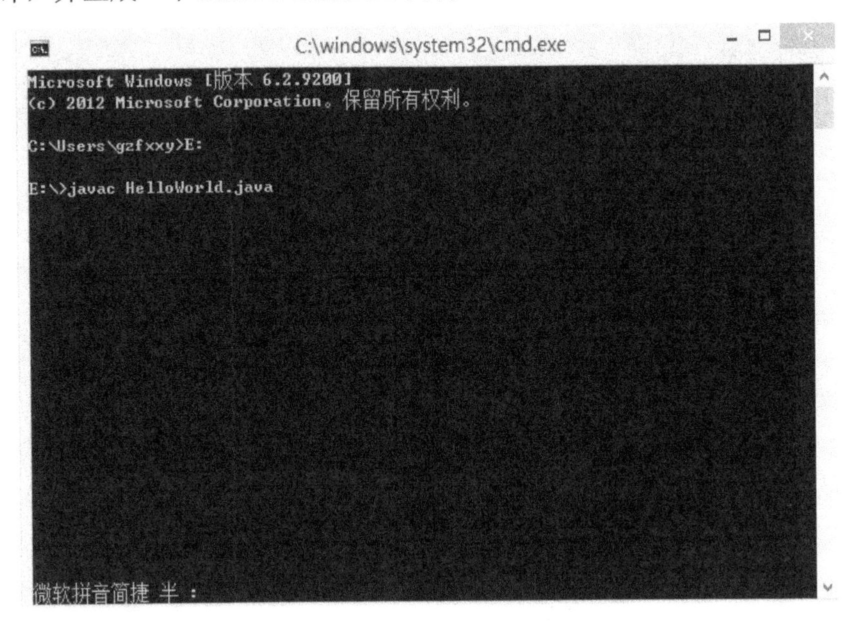

图 1-16　输入 javac HelloWorld. java

在 E 盘根目录下输入 java HelloWorld.class，其中 java 是 JDK 中运行 Java 文件的命令，HelloWorld.class 是经编译后生成的 class 文件。将输出“HelloWorld”字符串（如图 1-17 所示）。

到此为止，第一个 Java 程序的编写、编译及运行就完成了。

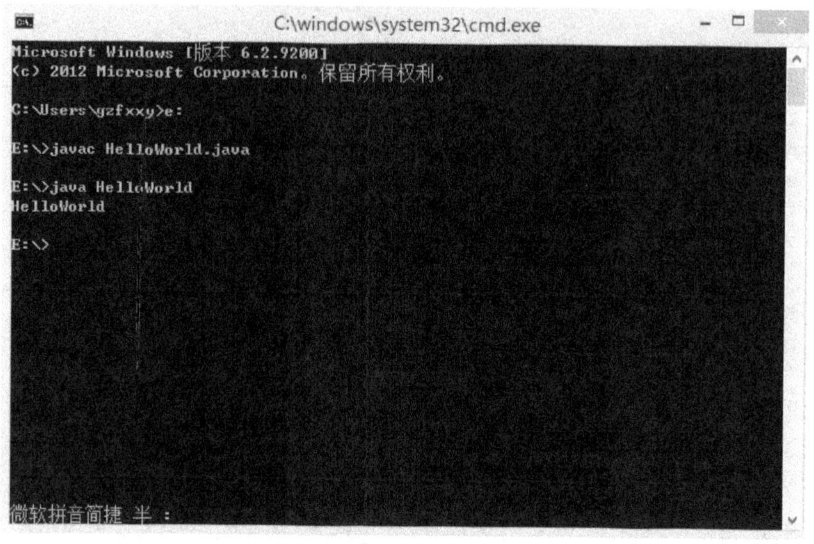

图 1-17 输出字符串

1.5 常用开发工具及在 Eclipse 环境下程序的开发

在 DOS 下开发 Java 程序虽然是可行的一种方案，但是开发过程比较复杂，编译运行也不方便，所以这种方案一般仅仅用做环境变量搭建是否成功的一种测试，作为一种目前比较流行的计算机语言，Java 语言的常用开发工具是比较多的，本节仅对最流行的 JDeveloper、NetBeans、Eclipse 进行介绍。

1. Oracle 的 JDeveloper

Oracle9i JDeveloper（定为 9.0 版，最新为 10g）为构建具有 J2EE、XML 和 Web services 功能的、复杂的、多层的 Java 应用程序提供了一个完全集成的开发环境。它为运用 Oracle9i 数据库和应用服务器的开发人员提供特殊的功能和增强性能，除此以外，它也有资格成为用于多种用途 Java 开发的一个强大的工具。如图 1-18 所示。

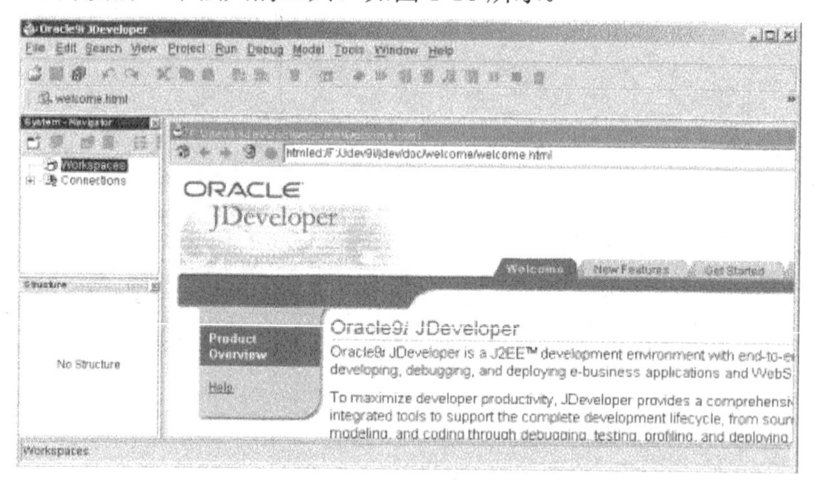

图 1-18 Oracle9i JDeveloper

Oracle9i JDeveloper 的主要特点如下。

（1）具有 UML（Unified Modeling Language，一体化建模语言）建模功能，可以将业务对象及 e-business 应用模型化。

（2）配备高速 Java 调试器（Debugger）、内置 Profiling 工具、提高代码质量的工具“CodeCoach”等。

（3）支持 SOAP（Simple Object Access Protocol）“简单对象访问协议”、UDDI（Universal Description, Discovery and Integration）“统一描述、发现和集成协议”、WSDL（Web Services Description Language）“Web 服务描述语言”等 Web 服务标准。

JDeveloper 不仅仅是很好的 Java 编程工具，而且是 Oracle Web 服务的延伸，支持 Apache SOAP 及 9iAS，可扩充的环境与 XML 和 WSDL 语言紧密相关。Oracle9i JDeveloper 完全利用 Java 编写，能够与以前的 Oracle 服务器软件及其他厂商支持 J2EE 的应用服务器产品相兼容，而且在设计时着重针对 Oracle9i，能够无缝化跨平台之间的应用开发，提供了业界第一个完整的、集成了 J2EE 和 XML 的开发环境，允许开发者快速开发可以通过 Web、无线设备及语音界面访问的 Web 服务和交易应用，以往只能通过将传统 Java 编程技巧与最新模块化方式结合到一个单一集成的开发环境中之后才能完成 J2EE 应用开发生命周期管理的事实，从根本上得到改变。缺点就是对于初学者来说较复杂，也比较难。

2. NetBeans

NetBeans 是开放源码的 Java 集成开发环境（IDE），适用于各种客户机和 Web 应用。Sun Java Studio 是 Sun Microsystems 公司最新发布的商用全功能 Java IDE，支持 Solaris、Linux 和 Windows 平台，适于创建和部署 2 层 Java Web 应用和 *n* 层 J2EE 应用的企业开发人员使用。

NetBeans 是业界第一款支持创新型 Java 开发的开放源码 IDE，如图 1-19 所示。开发人员可以利用业界强大的开发工具来构建桌面、Web 或移动应用。同时，通过 NetBeans 和开放的 API 的模块化结构，第三方能够非常轻松地扩展或集成 NetBeans 平台。

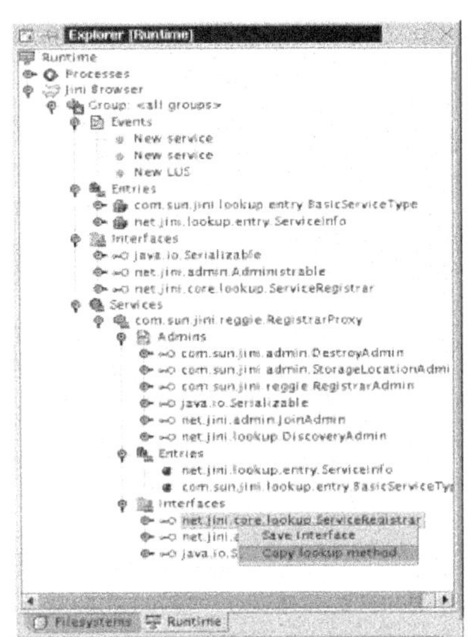

图 1-19　NetBeans

NetBeans 3.5.1 主要针对一般 Java 软件的开发者，而 Java One Studio5 则主要针对企业做网络服务等应用的开发者。Sun Microsystems（已被甲骨文收购）不久还将推出 Project Rave，其目标是帮助企业的开发者进行软件开发。NetBeans 3.5.1 版本与其他开发工具相比，最大区别在于不仅能够开发各种台式机上的应用，而且可以用来开发网络服务方面的应用，可以开发基于 J2ME 的移动设备上的应用等。在 NetBeans 3.5.1 基础上，Sun Microsystems 开发出了 Java One Studio5，为用户提供了一个更加先进的企业编程环境。在新的 Java One Studio5 中有一个应用框架，开发者可以利用这些模块快速开发自己在网络服务方面的各种应用程序。

3. Eclipse

Eclipse 是一种可扩展的开放源代码 IDE。2001 年 11 月，IBM 公司捐出价值 4000 万美元的源代码组建了 Eclipse 联盟，并由该联盟负责这种工具的后续开发。集成开发环境（IDE）经常将其应用范围限定在“开发、构建和调试”的周期之中。为了帮助集成开发环境（IDE）克服目前的局限性，业界厂商合作创建了 Eclipse 平台。Eclipse 允许在同一 IDE 中集成来自不同供应商的工具，并实现了工具之间的互操作性，从而显著改变了项目工作流程，使开发者可以专注在实际的嵌入式目标上。

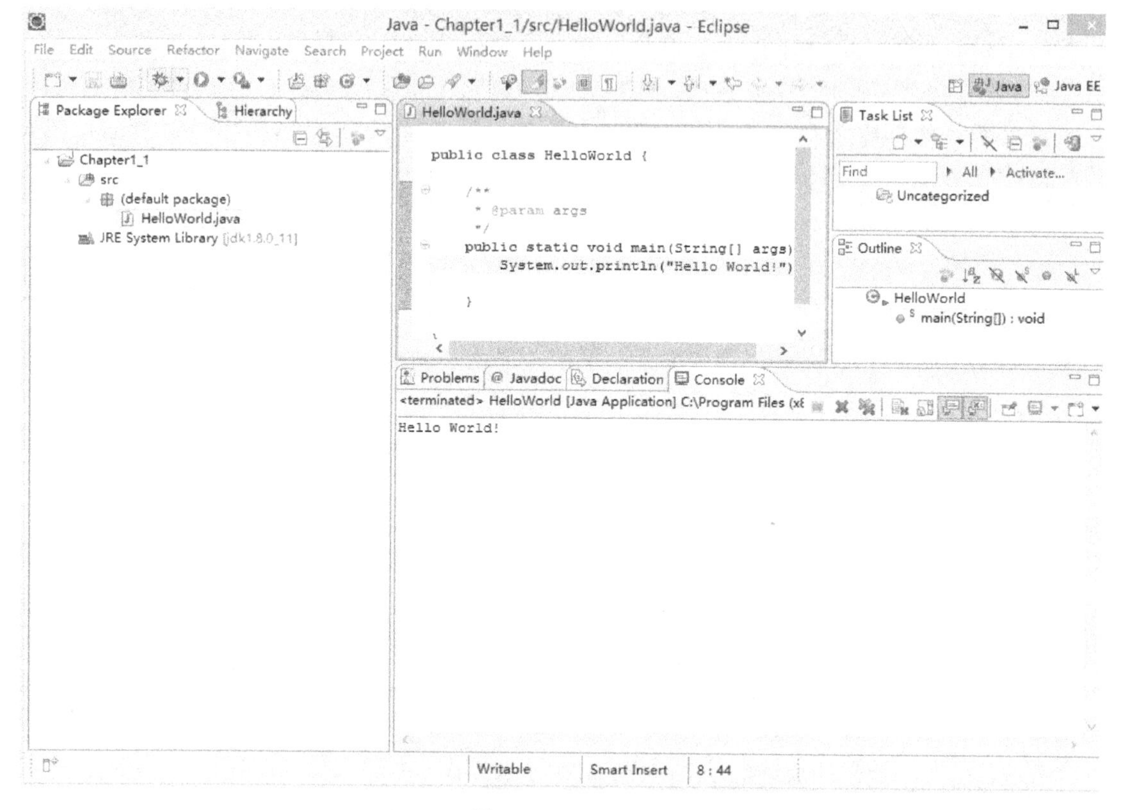

图 1-20　Eclipse

Eclipse 框架的这种灵活性来源于其扩展点。它们是在 XML 中定义的已知接口，并充当插件的耦合点。扩展点的范围包括从用在常规表述过滤器中的简单字符串，到一个 Java 类的描述。任何 Eclipse 插件定义的扩展点都能够被其他插件使用，反之，任何 Eclipse 插件也可以遵从其他插件定义的扩展点。除了解由扩展点定义的接口外，插件不知道它们通过扩展点提供的服务将如何被使用。

利用 Eclipse 可以将高级设计（也许是采用 UML）与低级开发工具（如应用调试器等）结合在一起。如果这些互相补充的独立工具采用 Eclipse 扩展点彼此连接，那么当用调试器逐一检查应用时，UML 对话框可以突出显示我们正在关注的器件。事实上，由于 Eclipse 并不了解开发语言，所以无论是 Java 语言调试器、C/C++调试器，还是汇编调试器都是有效的，并可以在相同的框架内同时瞄准不同的进程或节点。

Eclipse 的最大特点是它能接受由 Java 开发者自己编写的开放源代码插件，这类似于微软公司的 Visual Studio 和 Sun Microsystems 公司的 NetBeans 平台。Eclipse 为工具开发商提供了更好的灵活性，使他们能更好地控制自己的软件技术。Eclipse 自推出以来，越来越受到 Java 程序开发者的青睐，是目前使用最多的一种 Java 开发工具。在本书以后的程序中将采用 Eclipse 作为开发工具，下面将在 Eclipse 环境下开发 1.4 节的 HelloWorld 程序。

（1）第一步：新建 Java 项目

选择“File→New→Project…”，选择“Java Project”，单击“Next”按钮，便打开了“New Java Project”向导。在“Project name”中输入“Chapter1_1”，无须进行其他设置，直接单击“Finish”按钮，如图 1-21 所示。

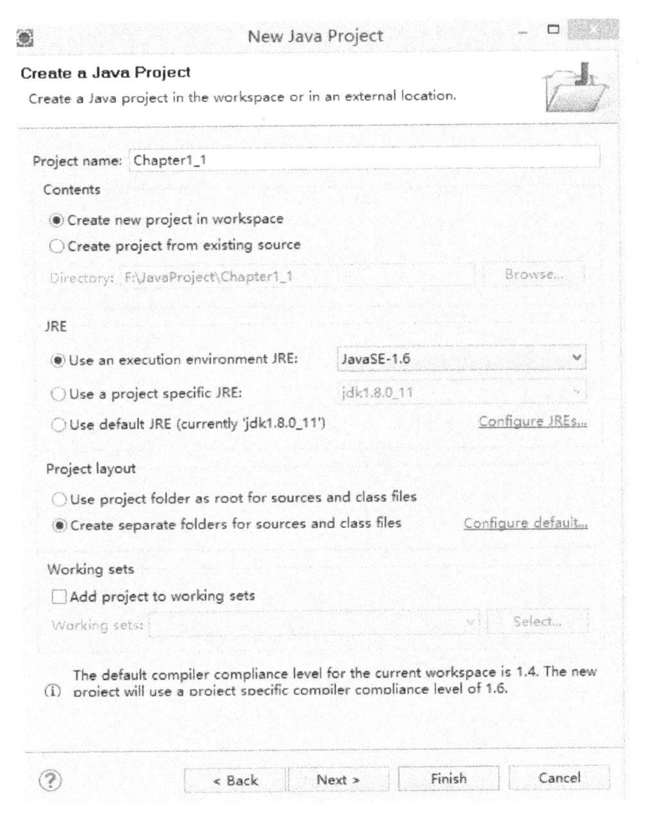

图 1-21　“New Java Project”向导

（2）第二步：新建 HelloWorld 类

选择“File→New→Class”，在“New Java Class”向导中的“Name”框中输入“HelloWorld”，并且在“public static void main(String[] args)”选项前面打上勾。在“Source folder”框中选择第一步填写的项目。关于 package，暂时不必理会，后续章节中将进行详细介绍。单击“Finish”按钮即可（如图 1-22 所示）。这时 1.4 节中编写的 HelloWorld 程序框架代码已经自动生成（如图 1-23 所示）。这就是 Eclipse 的代码生成（Code Generation）特性。

（3）第三步：添加打印语句

在 main 中添加“System.out.println("Hello World!");”，如图 1-24 所示。

（4）第四步：运行 Java 程序

直接在 Eclipse 中运行这个程序，在 Console 中查看执行结果。

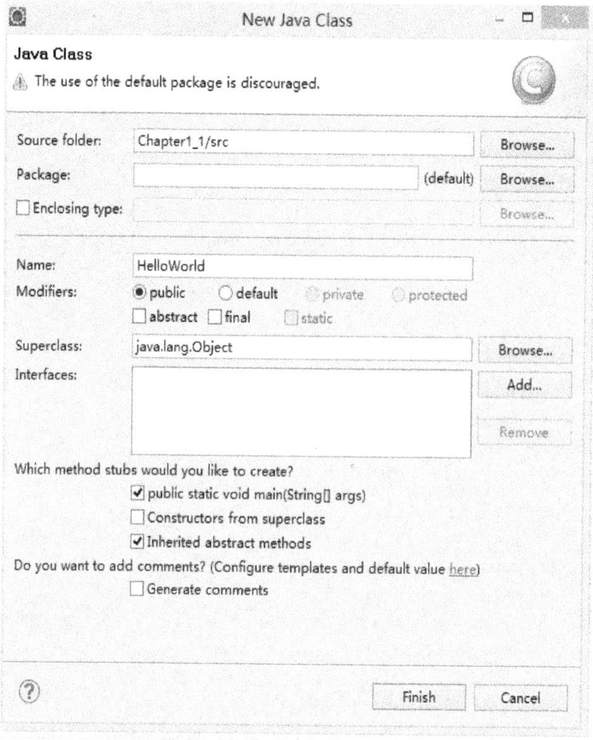

图 1-22 新建 HelloWorld 类

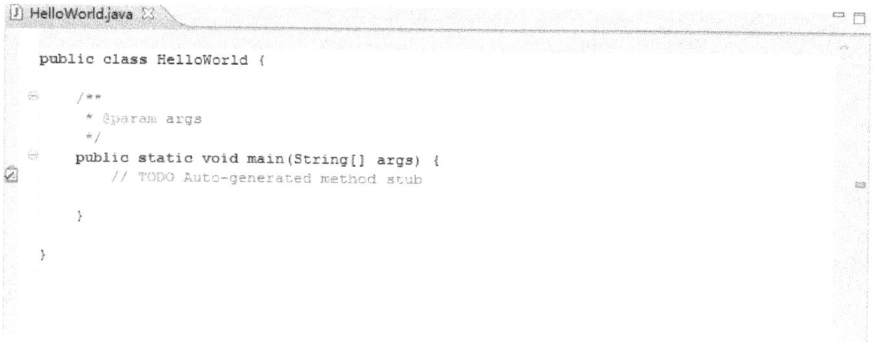

```java
public class HelloWorld {

    /**
     * @param args
     */
    public static void main(String[] args) {
        // TODO Auto-generated method stub

    }

}
```

图 1-23 HelloWorld 程序框架代码已经自动生成

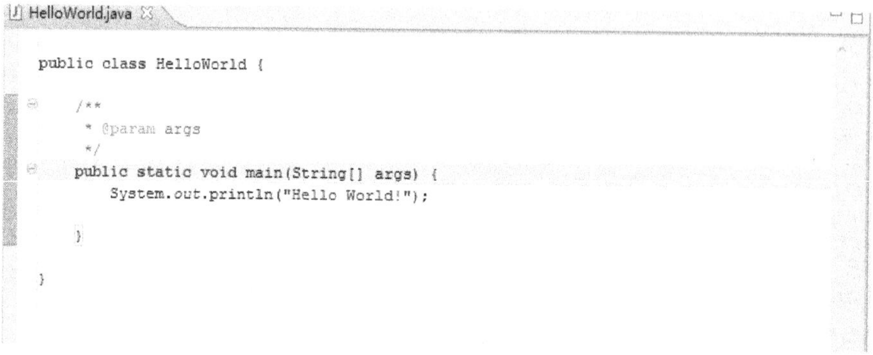

```java
public class HelloWorld {

    /**
     * @param args
     */
    public static void main(String[] args) {
        System.out.println("Hello World!");

    }

}
```

图 1-24 添加打印语句

选中 HelloWorld.java 源文件，右键单击该文件，在出现的选择项中，选择 Run as-Java Application 单击，即可看到“HelloWorld！”字符串输出在 Console 窗口中，如图 1-25 所示。

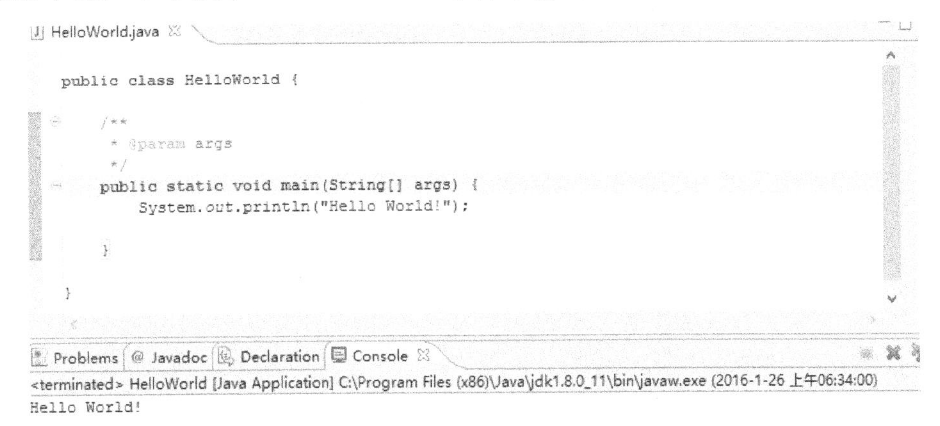

图 1-25　运行 Java 程序

习　　题

一、填空题

1．Java 程序可以分为两种基本的类型，分别是________和________。

2．配置 Java 的开发环境，一般需要设置环境变量________和________。

3．Java 文件的后缀名是________，编译后生成的文件的后缀名为________。

4．编译和运行 Java 程序的命令分别是________和________。

5．Java Application 程序中，必有一个________方法，该方法有没有参数都可以。

6．Java 语言是________公司在________年正式发布的。

二、简答题

1．简单描述 Java 语言的发展历程。

2．Java 语言的特点中，你认为最能体现 Java 优点的是哪些？

3．Java Application 程序在结构上有哪些特点？如何编译、运行？被编译后生成什么文件？该文件机器可以直接识别吗？如何执行？

4．如何设置环境变量？设置环境变量的作用是什么？

第 2 章 数据类型、运算符和表达式

2.1 标识符和关键字

2.1.1 标识符

Java 对各种变量、方法和类等要素命名时使用的字符序列称为标识符。广义上来说，凡是用户自定义的字符序列都称为标识符，都需要遵守标识符的命名规则。

Java 标识符的命名规则如下。

（1）标识符必须有字母、数字、下画线、美元符，标识符应以字母、下画线、美元符开头，数字不允许作为开头字符。

（2）标识符不能包含空格，并且不能是 Java 的固有关键字。

（3）Java 标识符大小写敏感，但长度无限制，不过一般也不要太长。

标识符举例如表 2-1 所示。

表 2-1 标识符举例

合法标识符	非法标识符
HelloWorld	class
DataClass	DataClass#
_123	12.3
$xx	Hello World

Java 的标识符除了以上这些规定外，还有一些约定俗成的规定。

（1）包名：所有单词首字母小写，如 xxxyyyzzz。

（2）类名、接口名：所有单词首字母大写，如 Xxx。

（3）变量名和函数名：第一个单词首字母小写，第二个单词开始每个单词首字母大写，如 xxxYyy，函数名的第一个单词一般是动词，第二个单词一般是名词。

（4）常量名：所有字母都大写，多个单词时每个单词用下画线连接，如 XXX_YYY_ZZZ。

2.1.2 关键字

在 Java 语言中被赋予特殊含义的标识符称为关键字，关键字中的所有字母都是小写的，关键字不允许被作为变量、函数、常量等的名称。

Java 中的关键字有：

```
abstract  boolean  break  byte  case  catch  char  class  continue  default
do  double  else  extends  false  final finally  float  for  if  implements
import  instanceof  int  interface  long  native  new  null  package  private
protected  public  return short static  synchronized  super  this  throwthrows
transienttrue  try  void  volatile  while  assert  enum
```

2.2 Java 语言的基本数据类型

Java 语言是一种强类型（Strong Typed）语言。强类型意味着每个变量都具有一种类型，每个表达式具有一种类型，并且每种类型都是严格定义的，类型限制了变量可以存储哪些值，

表达式最终产生什么类型的值。同时限制了这些值可以进行的操作类型及操作的具体方式。所有的赋值操作，无论是显式的还是在方法调用中通过参数传递的，都要进行类型兼容性检查。在 Java 语言中必须为每个变量声明一种类型，Java 中的数据类型可以分为基本数据类型和引用数据类型，基本数据类型又可以分为数值类型和布尔类型（boolean），数值类型又可以分为整数类型和浮点类型，其中整数类型有 5 种，分别为 int、short、long、byte、char 型（字符型可以认为是一种特殊的整数型），浮点型包括 float 型和 double 型。

数据类型关系图如图 2-1 所示。

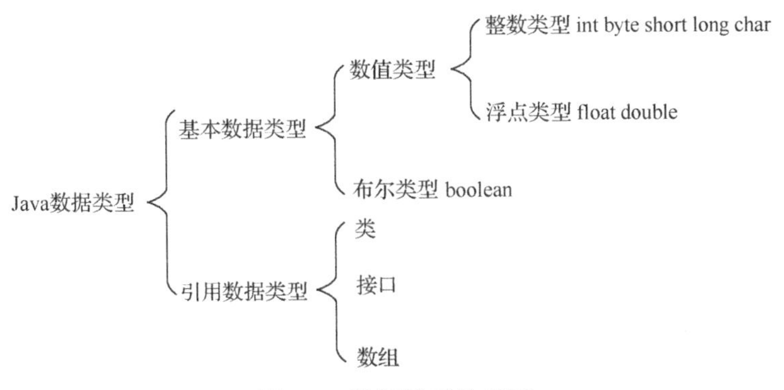

图 2-1　数据类型关系图

对于引用类数据型将在后续的章节中介绍，在本节首先对基本数据类型进行介绍。

2.2.1　数值类型

对于数值类型的学习，读者可以从三个方面进行掌握，即从数据类型的名称、所占的字节数、存储数据的范围三个方面进行掌握。

1. 整数型

（1）基本型整型 int

表示基本型整型的关键字为 int，基本型整型变量所占的内存单元为 4 字节，在内存中 1 字节占 8 位，4 字节就是 32 位，数据在内存中是以二进制的形式存放的，基本型整型所表示的二进制数是有符号数，最高位表示符号位，所以通过二进制转换成十进制的计算，32 位的二进制数所能表示的最大十进制数为 $2^{31}-1$，所能表示的最小十进制数为-2^{31}，所以基本型整型变量的取值范围为-2^{31}～$2^{31}-1$，在变量赋值运算中，一定要注意这个取值范围，如果把一个超出范围的数据存储在这个变量中，就会发生内存溢出的错误。

例如：int a=10;　　　　　　这个赋值运算是可以正常进行的。

但是，int a=2147483648;　　//2^{31} 的值为 2147483648，这个数据超出了基本型整型的存储数据的范围，所以这个赋值操作是不能成功的。

（2）字节型 byte

表示字节型整型的关键字为 byte，字节型整型变量所占的内存单元为 1 字节，也就是占 8 位内存单元，字节型整数也是有符号数，二进制数的最高位表示符号位，最高位 1 表示负数，0 表示正数，所以字节型整数表示数据的范围是-2^{7}～$2^{7}-1$。

例如：byte b=98;

（3）短整型 short

表示短整型的关键字为 short，短整型变量所占的内存单元为 2 字节，也就是占 16 位内存单元，短整型整数也是有符号数，二进制数的最高位表示符号位，所以短整型整数表示数据的范围是-2^{15}～$2^{15}-1$。

例如：short s=980;

（4）长整型 long

表示长整型的关键字为 long，长整型变量所占的内存单元为 8 字节，也就是占 64 位内存单元，长整型整数也是有符号数，二进制数的最高位表示符号位，所以长整型整数表示数据的范围是-2^{63}～$2^{63}-1$。

例如：long l=1980;

长整型是整型数据中表示数据范围最大的一种数据类型，如果所存储的整型数据比较大，可以考虑选择长整型类型。

（5）字符型 char

表示字符型的关键字为 char，字符型变量所占的内存单元为 2 字节，也就是占 16 位内存单元，但字符型整数是无符号数，无符号二进制数的特点是没有符号位，所有的二进制数都表示的是数据位。字符型数据可以视为一种特殊的整型数，它采用 unicode 编码，它的前 128 字节编码与 ASCII 兼容，分别和 ASCII 编码表中的字符一一对照，在定义字符型的数据时要注意加‘’，例如，字符型数据‘1’和不加单引号的 1 是不同的，正是因为字符型数据和整型数据之间的千丝万缕的联系，所以字符型数据和整型数据是可以进行混合运算和相互赋值操作的。

例如：char ch=‘a’; int num=ch; 这些赋值操作都是允许的。

实际上，字符型数据能视为一种特殊整型数的原因是它们在内存中的存放形式是极相似的。

2. 浮点型

（1）单精度型 float

表示单精度型浮点型的关键字为 float，float 变量所占的内存单元为 4 字节，也就是占 32 位内存单元，但浮点型数据的存储范围的推算不能再采用和以上整数型相同的方法进行，float 型数据表示的范围是 3.4e–038～3.4e+038；对于单精度浮点数，运行速度相比 double 更快，占内存更小，但是当数值非常大或非常小时会变得不精确。精度要求不高时可以使用 float 类型，通常有效数字为 7～8 位。如果想确定某个浮点数为 float 型数据，则可以在该数据后面加上 f 或 F。

例如：float f=3.14f;

（2）双精度型 double

表示双精度型浮点型的关键字为 double，double 变量所占的内存单元为 8 字节，也就是占 64 位内存单元，double 型数据表示的范围是 1.7e–308～1.7e+308；将浮点型数值赋给某个变量时，如果不显示在字面值后面加 f 或 F，则默认为 double 类型。java.lang.Math 中的函数都采用 double 类型。double 型数据的有效数字位数是 15～16 位，如果 double 和 float 都无法达到想要的精度，可以使用 BigDecimal 类。

例如：double d=3.1415;

另外，double 型是数值类型中表示数据范围最大的一种数据类型，如果所存储的数据使用别的类型都不足以存储的话，可以考虑 double 型数据。

2.2.2　布尔类型

表示布尔类型的关键字为 boolean，布尔类型变量所占的内存单元为 1 字节，也就是占 8 位内存单元，当然，布尔类型变量的表示范围也不能按照整数型的推算方法进行计算，布尔类型变量的值仅有两个，即 true 和 false。

例如：boolean b=true;

布尔类型数据经常用来定义"旗帜"变量，"旗帜"变量的作用是用来作为选择语句的选择条件，或者作为循环语句的循环控制条件，具有非常重要的意义。

例如：boolean flag=false;　　//flag 是旗帜变量

```
While(flag)
{
… //在循环语句中根据具体条件改变 flag 的值，从而达到控制循环的作用
}
```

2.2.3　类型转换

当把一种基本类型的数据赋值给另外一种基本数据类型的变量时，就会涉及类型转换，类型转换仅局限于数值型类型内部，例如，试图把布尔型数据赋值给整数型数据的操作肯定是不能成功的。在数值型数据中，不同数据类型的优先级别具有如下的规律，首先浮点型的优先级别高于整数型，其次在浮点型和整数型中，各自的优先级别的高低和所占内存字节数有关，所占字节数越多，优先级别越高。按照优先级别从低到高的顺序排列，如下所示：

byte　short(char)　int　long　float　double

Java 中的基本数据类型转换可以分为自动类型转换和强制类型转换

（1）自动类型转换

自动类型转换，也称隐式类型转换，是指不需要书写代码，由系统自动完成的类型转换。由于实际开发中这样的类型转换很多，所以 Java 语言在设计时，没有为该操作设计语法，而是由 JVM 自动完成。当将优先级别低的数据赋值给优先级别高的变量时，所发生的类型转换，就属于自动类型转换。转换方向如下所示：

byte→short(char)→int→long→float→double

也就是说，byte 类型的变量可以自动转换为 short 类型，示例代码：

```
byte  b = 10;
short  sh = b
```

这里在赋值时，JVM 首先将 b 的值转换为 short 类型，然后再赋值给 sh。在类型转换时可以跳跃。示例代码：

```
byte  b1 = 100;
int  n  =  b1;
```

注意问题：在整数之间进行类型转换时，数值不发生改变；而将整数类型，特别是比较大的整数类型转换成小数类型时，由于存储方式不同，有可能存在数据精度的损失。

例如：

```
float f=100;     //如果输出 f 的值，结果为 100.0
int x=32;
double d=x;      //如果输出 d 的值，结果为 32.0
```

（2）强制类型转换

强制类型转换，也称显式类型转换，是指必须书写代码才能完成的类型转换。这种类型转换很可能存在精度的损失，所以必须书写相应的代码，并且能够忍受该种损失时才进行该类型的转换。当将优先级别高的数据赋值给优先级别低的变量时，所发生的类型转换，就属于强制类型转换。例如，当按照如下方向发生的变量赋值时，就需要进行强制类型转换。

double→float→long→int→short(char)→byte

强制类型转换的语法格式为：（转换到的类型）需要转换的值

例如：

```
double d = 3.10;
int n = (int)d;
```

这里将 double 类型的变量 d 强制转换成 int 类型，然后赋值给变量 n。需要说明的是，小数强制转换为整数，采用的是“舍尾取整法”，也就是无条件地舍弃小数点后的所有数字，则以上转换出的结果是 3。优先级高的整数转换为优先级低的整数时，取数字二进制位的低 8 位，例如，int 类型的变量转换为 byte 类型时，则只取 int 类型的低 8 位（也就是最后一字节）的值。

示例代码：

```
int  n = 123;
byte  b = (byte)n;
int  m = 1234;
byte  b1 = (byte)m;
```

则 b 的值还是 123，而 b1 的值为–46。b1 的计算方法如下：m 的值转换为二进制数是 10011010010，取该数字低 8 位的值作为 b1 的值，则 b1 的二进制值是 11010010，按照机器数的规定，最高位是符号位，1 代表负数，在计算机中负数存储的是补码，则该负数的原码是 10101110，该值就是十进制的–46。

需要注意的是，强制类型转换通常都会有存储精度的损失，所以使用时需要谨慎。

下面通过程序对基本数据类型的相互赋值及转换进行说明。

【例 2-1】 基本数据类型的相互赋值及类型转换。

```
public class Chapter2_1 {
    /**
    基本数据类型的相互赋值及类型转换
     */
    public static void main(String[] args) {
        byte b=100;
        short s=210;
        int i=1200;
        long l=2100;
```

```
        char ch1='a';
        char ch2=99;       //整型数可以直接赋值给字符型变量
        float f=5.3f;
        double d=2.12;     //double 型数据也可以在小数后面加上 d,如果不加,则默认为 double 型
        i=s;               //自动类型转换
        s=(short)l;        //强制类型转换
        d=f;               //自动类型转换
        i=(int)f;          //强制类型转换
    }
}
```

2.3　常量和变量

2.3.1　常量

在程序运行过程中，其值不能发生改变的量称为常量，常量又可以分为直接常量（常数）和符号常量。

1．直接常量

以下将根据 2.2 节所介绍数据类型的顺序，分别介绍整型常量、浮点型常量、字符型常量及布尔型常量。

（1）整型常量

整型常量是指直接使用的整型常数，又称整型常数或整数，例如，10、–1 等。整型常量的类型可以是长整型、短整型、基本型常量，字符型数据类型没有常量，因为字符型数据类型是一种特殊的整型数据，所以将在下面专门对它进行介绍。

整型常量有三种不同的表示形式：十进制、八进制和十六进制。

①十进制。这是一种常用的表示形式，它将直接给出数字，即在数字前不加任何前缀。例如，12、259、703 等为十进制表示。

②八进制。表示八进制数字时，要加前缀，即在数字前面加 0，例如，017、0532.0416 等为八进制表示。其中，017 转换成十进制数为 15。

③十六进制。表示十六进制数时，要加前缀 0x 或 0X，即在数字前面加 0x 或 0X。例如，0x17、0xae5、0X4t 等为十六进制表示。其中，0x17 转换成十进制数为 23。

在整型常量中，长整型数在表示上与其他整型数的区别是加后缀 L 或 l，例如，12345L。无符号数的后缀是 U 或 u。例如，7654U、04216u 等。

（2）浮点型常量

浮点型常量又称为实型常量。它有两种表示形式：十进制小数形式和指数形式。

①十进制小数形式。它是由数字和小数点组成的（必须有小数点）。一般，数值不是很大或很小的数采用小数形式表示，这种形式方便易读。0.31、3.1、32.5、70.5 等都是合法的小数表示形式。

②指数形式。指数表示法又称科学记数法。该表示形式中，须有字母 e 或 E，且在该字母之前必须有数字，在该字母之后的指数必须为整数。对于过大或过小的数值，采用这种表示方法。这种表示方法简明清晰。具体格式如下所示：

```
(整数部分).(小数部分)(指数部分)
```

字母 e 左边部分可以是（整数部分）.（小数部分），也可以只有（整数部分）不含小数点，或者只有小数部分前面含有小数点，指数部分是整数，可以是正的，也可以是负的。例如，下列浮点数都是正确的：1234e3、1234E-2、12.34e-3、1234E5、0e0 等。

而下列浮点数表示是错误的：e2、3.5e1.5、.e5、e 等。

其出错原因是：e2 在字母 e 前面没有数字，3.5e1.5 是字母 e 后面指数为小数，.e5 在字母 e 前面只有小数点“.”而没有数字，e 是在字母 e 前无数字。

（3）字符型常量

字符型常量分为一般字符常量和特殊字符常量。

使用单引号括起一个字符的形式即字符常量。使用字符常量需要注意以下几点：

①字符常量只能用单引号括起来，不能使用其他括号，如‘0’，若用双引号括起来的就是字符串了，如“0”，所以‘0’和“0”是不同的；

②字符常量中只能包括一个字符，不能是字符串；

③字符常量是区分大小写的；

④单引号代表定界符，不属于字符常量中的一部分；

⑤单引号里面可以是数字、字母等 Java 语言字符集中除'和\以外所有可实现的单个字符，但是数字被定义为字符之后则不能参与数值运算。

特殊字符常量就是转义字符。转义字符是 Java 语言中表示字符的一种特殊形式，其含义是将反斜杠后面的字符转换成另外的意义，如表 2-2 所示。

表 2-2 转义字符

转义字符	转义字符含义	转义字符	转义字符含义
\n	回车换行	\\	反斜线符“\”
\t	横向跳到下一个制表位置	\'	单引号符
\v	竖向跳格	\"	双引号符
\b	退格	\a	鸣铃
\r	回车	\ddd	1～3 位八进制数所代表的字符
\f	走纸换页	\xhh	1～2 位十六进制数所代表的字符

在使用转义字符时应注意：

①转义字符只能使用小写字母，每个转义字符只能视为一个字符；

②垂直制表符\v 和换页符\f 对屏幕没有任何影响，但会影响打印机执行响应操作；

③在 Java 语言程序中，使用不可打印字符时，通常用转义字符表示；

④如果反斜杠之后的字符和它不构成转义字符，则“\”不起转义作用，将被忽略。

（4）布尔型常量

在 Java 中布尔型常量的值比较简单，只有 true 和 false 两个值，在此不再赘述。

2. 符号常量

在 Java 语言中，使用 final 定义符号常量，语法格式为：

```
final 数据类型 常量名=常量值;
```

【例 2-2】 测试符号常量。

```
public class Chapter2_2 {
    /**
    符号常量
     */
    public static void main(String[] args) {
        final double PI=3.14;
        final int NUM=10;
        int r=2;
        double len=2*PI*r;
        double area=PI*r*r;
        System.out.println(len);
        System.out.println(area);
    }
}
```

在例 2-2 中，如果此时要将圆周率 3.14 的值修改为 3.1415，若没有使用符号常量，那么至少要修改两次 PI 的地方，而现在定义了符号常量 PI，只要修改 PI 一个位置即可。如果在一个大型的项目中出现这种情况，修改起来会相当麻烦。使用符号常量可以解决这个问题，这是符号常量的优点。

另外在定义符号常量时，还需要注意以下两个方面。

（1）常量定义时需要初始化。必须要在常量声明时对其进行初始化，这跟一般变量不同。并且初始化后，在应用程序中不能再次对这个常量进行赋值。如果强行赋值，程序将会报错。

（2）常量的命名规则。在 Java 语言中，定义常量时一般都用大写字符。Java 语言中大小写字符是敏感的。之所以采用大写字符，主要是跟变量进行区分。虽然说给常量取名时采用小写字符，也不会有语法上的错误，但是，为了在编写代码时能够一目了然地判断变量与常量，最好还是能够将常量设置为大写字符。另外，在常量中，往往通过下画线来分隔不同的字符。

2.3.2 变量

在程序运行过程中，其值可以发生改变的量称为变量。在 Java 语言中，变量的使用必须遵循先声明后使用的原则。

变量声明的语法格式为：

```
数据类型 变量名 1,变量名 2;
```

数据类型可以是 2.2 节所介绍的基本数据类型，变量名的命名必须遵循标识符命名的规则，也就是必须由字母、数字、下画线、$组成，对于高版本的 JDK，也可以由汉字组成，并且数字不能作为开头字母。

count、number、tom、name 等都是合法的变量名，而 cou#、3home 就是不合法的了。

以下是声明两个整型变量的例子。

```
int count;
int number;
```

当然也可以在同一行进行定义，例如，int count,number; 中间以逗号隔开，语句最后以分号结束。

也可以在声明变量的同时进行初始化，例如：

```
int count=1;
int count=2,number=3;
```

声明一个变量，该变量就将在内存中占据一定大小的存储单元，不同类型的变量所占据的存储单元的大小是不同的，这一点在2.2节中已经介绍，在此不再赘述。可以把变量所占据的内存单元形象地比喻成房子，变量名形象地比喻成房子的名字，一间房子里面能存放多少物品取决于房子的大小，也就是所占据内存单元的大小。

在对变量进行赋值操作时，有一个非常重要的原则，即新值覆盖旧值原则。换句话说，变量里面的值总是最后一次赋给它的那个值。下面通过一个例子来深入研究一下对变量的操作。

【例2-3】 已知两个变量a和b，a的值为3，b的值为4，编写程序交换这两个变量的值，并且输出。

```
public class Chapter2_3 {
    /**
    变量的声明 初始化及使用
     */
    public static void main(String[] args) {
        int a=3,b=4;//定义两个变量，并进行初始化
        int temp;
        temp=a;
        a=b;
        b=temp;
        System.out.println("a="+a);
        System.out.println("b="+b);
    }
}
```

运行结果为：

```
a=4
b=3
```

说明：这个程序非常能体现变量赋值的特点，这个题目有些初学者可能试图通过以下的语句实现变量的交换“a=b;b=a;”。这样操作后，最后的输出结果为“a=4,b=4;”。因为首先把b赋给了a，a的值就变成了4，当然原来的3就被覆盖了，这就是前面所说的新值覆盖旧值原则，所以当再次把a赋给b时，b得到的值应该是4，这样最后输出的两个结果就都是4了。

还可以从另外一个角度来解释这个算法，可以把变量a视为一个存放开水的杯子，里面存放的值3可以视为液体开水，把变量b视为一个存放可乐的杯子，里面存放的值4可以视为液体可乐。那么现在的问题就变成了，如何交换两个容器中的液体的问题了，很容易想到需要再拿一个空杯子，可以把temp变量视为这个空杯子。这时的交换算法是什么样的呢？很容易想到，首先把开水杯（a）中的开水（3）倒进空杯子（temp）中，然后把可乐杯（b）中的可乐（4）倒进开水杯（a）中，最后把temp杯中存放的开水倒入可乐杯中，这样就完成了交换两个杯子中液体的工作了。

变量的学习是程序编写的第一步，程序的编写往往都是从变量声明开始的。

2.4　运算符和表达式

不论加减乘除，还是大小判断，都需要用到运算符，运算符的学习是编写 Java 语句的第一步，重要性不言而喻，Java 语言为我们提供非常丰富的运算符，如算术运算符、自增自减运算符、布尔逻辑运算符、赋值运算符、条件运算符、位运算符等，对于这些运算符，我们从 4 个方面进行研究——运算符的符号、运算符的运算特点、运算符所对应的表达式的值、运算符的优先级别。下面分别对这些运算符进行介绍。

2.4.1　赋值运算符

赋值语句的作用是把某个常量或变量或表达式的值赋值给另一个变量，符号为“=”。这里并不是等于的意思，而是赋值，正确的读法应该是“赋值于”。注意：赋值语句左边的变量在程序的其他地方必须要声明。

赋值运算符是二元运算符，需要由两个操作数组成，被赋值的变量称为左值，因为它们出现在赋值语句的左边；产生值的表达式称为右值，因为它们出现在赋值语句的右边，常数只能作为右值。

赋值运算的运算特点是右结合性的，也就是说，运算的方向是从右往左进行运算的。

例如：count=5;

赋值的运算方向是把 5 赋给 count。

由赋值运算符组成的表达式称为赋值表达式，赋值表达式的值就是被赋值变量的值。

例如：以下赋值语句

```
total1=total2=0;
```

根据赋值运算右结合性的特点，以上的赋值运算等价于 total1=(total2=0); total2=0 这个赋值表达式的值就是被赋值的 total2 的值，很明显是 0，(total2=0)再作为赋值操作的右值，把值赋给 total1。

但是，(total1=total2)=0;这个表达式就是不正确的了，因为表达式是不能作为赋值语句的左值的，表达式和常量只能作为赋值操作的右值。

2.4.2　算术运算符

算术运算符如表 2-3 所示。

表 2-3　算术运算符

运算符	功　能	运算符	功　能	运算符	功　能
+	正	/	除	+	加法
–	负	%	求余	–	减法
*	乘				

除了正、负运算符是一元运算外，其他算术运算符都是二元运算符，需要有两个操作数。这些二元算术运算符的运算特点是左结合性的，运算顺序是从左向右进行运算的，先乘除后加减，先括号内，再括号外。

算术表达式是由算术运算符组成的表达式，它的值就是经过算术运算后得到的值，在算术运算中，算术运算表达式的值的类型是由参与算术运算的操作数的优先级最高的类型所决定的。

例如：

```
int a=120;
double b=21.2;
```

因为在这个乘法运算中，第二个操作数 b 的类型是 double 型，所以 a*b 的类型应该是 double 型。

对于加减运算不再举例说明，以下重点对除法/、求余%进行说明。

对于除法运算，有一些和数学中不太一样的地方。例如：

```
int a=10;
int b=4;
```

求 a/b 的值，这个在数学运算中，答案应该是 2.5。但是在 Java 语言中，所得到的结果应该是 2，因为 a/b 的值的类型应该取决于参与运算的操作数的优先级最高的类型，参与操作的两个变量都是整型，这样最终 a/b 的值也应该是整型，所以最后的答案应该是 2，而不是 2.5。这个取整的方式不是四舍五入，而是舍尾取整。怎样才能得到 2.5 这个答案呢？可以把变量 a 或 b 的类型修改为 double 型即可。

【例 2-4】 测试除法运算。

```
public class Chapter2_4 {
    /**
     测试除法运算
     */
    public static void main(String[] args) {
        int a=10;
        int b=4;
        System.out.println("a/b="+a/b);
    }
}
```

运行结果为：

```
a/b=2
```

取模运算符（%）用于计算两个整数相除所得的余数。

例如：

```
a=7%4;
b=-7%4;
c=7%-4;
```

最终 a 的结果是 3，因为 7%4 的余数是 3。那么 b 和 c 的值应该是多少呢？我们通过程序进行测试。

【例 2-5】 测试求余运算。

```
public class Chapter2_5 {
```

```
    /**
     测试求余运算
     */
    public static void main(String[] args) {
        System.out.println("7%4="+7%4);
        System.out.println("-7%4="+(-7%4));
        System.out.println("7%-4="+7%-4);
    }
}
```

运行结果为：

```
7%4=3
-7%4=-3
7%-4=3
```

通过结果可以知道，求余运算的符号取决于第一个操作数的正负。

【例 2-6】 算术运算综合测试。

```
public class Chapter2_6 {
    /**
     算术运算综合测试
     */
    public static void main(String[] args) {
         int num1 = 15;
        int num2 = 2;
        double count = 2;
        System.out.println(num1 + "/" + num2 + "=" + (num1 / num2));
        System.out.println(num1 + "%"+ num2 + "=" + (num1 % num2));
        System.out.println(num1 + "/" + count + "=" + (num1 / count));
        System.out.println(num1 + "%" + count + "=" + (num1 % count));
        }
}
```

运行结果为：

```
15/2=7
15%2=1
15/2.0=7.5
15%2.0=1.0
```

2.4.3　复合赋值运算符

在赋值运算符中，还有一类复合赋值运算符。它们实际上是一种缩写形式，使得对变量的改变更为简洁。

```
total=total+3;
```

为了简化，以上的代码也可以写成：

```
total+=3;
```

复合赋值运算符如表 2-4 所示。

表 2-4 复合赋值运算符

符　号	功　能	符　号	功　能	符　号	功　能
+=	加法赋值	%=	模运算赋值	&=	位逻辑与赋值
-=	减法赋值	<<=	左移赋值	|=	位逻辑或赋值
*=	乘法赋值	>>=	右移赋值	^=	位逻辑异或赋值
/=	除法赋值				

例如：

```
a-=3    等价于   a=a-3;
a*=3    等价于   a=a*3;
a/=3    等价于   a=a/3;
a%=3    等价于   a=a%3;
```

2.4.4 自增自减运算符

这是一类特殊的运算符，自增运算符++和自减运算符--对变量的操作结果是增加 1 和减少 1。例如：

```
--Counter;
Counter--;
++Amount;
Amount++;
```

在这些例子里，自增自减运算符在前面还是在后面，对变量本身的影响都是一样的，作用都是加 1 或者减 1，但是当把他们作为其他表达式的一部分，两者就有区别了。运算符放在变量前面，那么在运算之前，变量先完成自增或自减运算；如果运算符放在后面，那么自增自减运算是在变量参加表达式的运算后再运算。

【例 2-7】 测试自增自减运算符。

```
public class Chapter2_7 {
    /**
     测试自增自减运算符
     */
    public static void main(String[] args) {
        int num1=4;
        int num2=8;
        int a,b;
        a=++num1;
        b=num2++;
        System.out.println("a="+a);
        System.out.println("b="+b);
    }
}
}
```

运算结果为：

```
a=5
b=8
```

分析："a=++num1;"，这总地来看是一个赋值，把++num1 的值赋给 a，因为自增运算符在变量的前面，所以 num1 先自增 1 变为 5，然后赋值给 a，最终 a 也为 5。"b=num2++;"，这是把 num2++的值赋给 b，因为自增运算符在变量的后面，所以先把 num2 赋值给 b，b 应该为 8，然后 num2 自增 1 变为 9。

那么如果出现这样的情况应该怎么处理呢？

```
c=num1+++num2;
```

到底是"c=(num1++)+num2;"还是"c=num1+(++num2);"，这要根据编译器来决定，不同的编译器可能有不同的结果。所以在以后的编程当中，应该尽量避免出现以上复杂的情况。

【例 2-8】 自增自减运算符综合测试。

```
public class Chapter2_8 {
    /**
     自增自减运算符综合测试
     */
    public static void main(String[] args) {
        int x = 10;
        int a = x+ x++;
        System.out.println("a =" + a);
        System.out.println("x =" + x);
        int b = x + ++x;
        System.out.println("b =" + b);
        System.out.println("x =" + x);
        int c = x + x--;
        System.out.println("c =" + c);
        System.out.println("x =" + x);
        int d = x + --x;
        System.out.println("d =" + d);
        System.out.println("x =" + x);
    }
}
```

运行结果为：

```
a =20
x =11
b =23
x =12
c =24
x =11
d =21
x =10
```

2.4.5　关系运算符和关系表达式

关系运算的作用就是比较两个表达式的大小，判断其比较的结果是否符合给定的条件。例如，a>12 是一个关系表达式，若 a 的值是 10，则 a>12 这个条件不成立，结果就是 false，若 a 的值是 15，则 a>12 这个条件成立，结果就是 true，所以关系表达式的值是个布尔值，要么是 true，要么是 false。

表 2-5　关系运算符

符　号	功　能
>	大于
<	小于
>=	大于等于
<=	小于等于
==	等于
!=	不等于

Java 语言提供了 6 种关系运算符，如表 2-5 所示。

对于关系运算符的优先级，有如下阐述：

（1）其中前 4 种的优先级是相同的，后两种的优先级相同。前 4 种的优先级高于后两种。

（2）关系运算符的优先级低于算术运算符。

（3）关系运算符的优先级高于赋值运算符。

正因为如此

```
x>y+z  等价于 x>(y+z)
a>b==c 等价于 (a>b)==c
a==b<c 等价于 a==(b<c)
```

对于关系表达式可以这样来描述，用关系运算符连接起来的式子就叫做关系表达式。关系运算也是二元运算，所以关系表达式需要两个操作数来组成。以上这些式子就是关系表达式。

【例 2-9】 测试关系表达式。

```
public class Chapter2_9 {
    /**
     测试关系表达式
     */
    public static void main(String[] args) {
        boolean x, y, z;
        int a = 15;
        int b = 2;
        double c =15;
        x = a > b;       //true;
        y = a < b;       //false;
        z = a != b;      //true;
        System.out.println("x =" + x);
        System.out.println("y =" + y);
        System.out.println("z =" + z);
    }
}
```

运行结果为：

```
x =true
y =false
z =true
```

2.4.6　逻辑运算符和逻辑表达式

Java 语言中有三种逻辑运算符，它们是 NOT（非，以符号“!”表示）、AND（与，以符号“&&”表示）、OR（或，以符号“||”表示）。

表 2-6　NOT 逻辑关系值表

A	!A
true	false
false	true

（1）NOT 运算符，表示相反的意思。

（2）AND 运算符，表示“与”的意思，也就是和的意思。如表 2-7 所示。

（3）OR 运算符，表示“或”，就像我们日常生活中理解的一样，两者只要有一个为“真”，结果就为“真”。如表 2-8 所示。

表 2-7　AND 逻辑关系值表

A	B	A&&B
false	false	false
true	false	false
false	true	false
true	true	true

表 2-8　OR 逻辑关系值表

A	B	A||B
false	false	false
true	false	true
false	true	true
true	true	true

有了逻辑运算符就可以设计出更加复杂的布尔表达式，例如，判断一个年份是否为闰年的布尔表达式，判断闰年的方法——闰年满足两个条件（满足其中一个即为闰年）：①能被 4 整除但不能被 100 整除；②能被 400 整除。

```
int year; //已知所要判断的年份是 year
```

那么这个逻辑表达式为：(year % 4 == 0 && year % 100 != 0 || year % 400 == 0)，这个条件成立，则 year 为闰年。

【例 2-10】 测试逻辑运算符。

```
public class Chapter2_10 {
    /**
     测试逻辑运算符
     */
    public static void main(String[] args) {
        boolean x, y, z, a, b;
        a = 'a' > 'b';
        b = 'R' != 'r';
        x = !a;
        y = a && b;
        z = a || b;
        System.out.println("x =" + x);
        System.out.println("y =" + y);
        System.out.println("z =" + z);
        }
}
```

运行结果为：

```
x = true
y = false
z = true
```

在运用逻辑运算符进行相关操作时，我们会遇到一种很有趣的现象：短路现象。①对于逻辑与（&&），如果第一个操作数为 false，那么结果肯定 false，所以在这种情况下，将不会执行逻辑与（&&）后面的运算了，即发生了短路。②对于逻辑或（||），如果第一个操作数为 true，那么结果肯定是 true，所以在这种情况下，将不会执行逻辑或（||）后面的运算了，即发生了短路。

【例 2-11】 测试逻辑运算符的短路现象。

```
public class Chapter2_11 {
    /**
    测试逻辑运算符的短路现象
     */
    public static void main(String[] args) {
        int a=3,b=4,c=1;
        if(a++>b&&b++>c)
            a+=2;
        System.out.println("a="+a);
        System.out.println("b="+b);
    }
}
```

运行结果为：

```
a=4
b=4
```

2.4.7 条件运算符

条件运算符（?:）是 Java 语言中唯一的三目运算符，它是对第一个表达式做真/假检测，然后根据结果返回另外两个表达式中的一个。

```
<表达式 1>?<表达式 2>:<表达式 3>
```

在运算中，首先对第一个表达式进行检验，如果为真，则返回表达式 2 的值；如果为假，则返回表达式 3 的值。

例如：

```
a=(b>0)?b:-b;
```

当 b>0 时，a 的值为 b；当 b 不大于 0 时，a 的值为–b；这就是条件表达式。其实此表达式的作用就是把 b 的绝对值赋值给 a。

条件运算符的运算特点除了以上这些外，它的结合方向是右结合性的。

【例 2-12】 测试条件表达式。

```
public class Chapter2_12 {
    /**
     测试条件表达式
     */
    public static void main(String[] args) {
        int a=1,b=2,c=3;
        int temp;
        temp=a>b?a:a>c?a:c;
        System.out.println("temp="+temp);
    }
}
```

运行结果为：

```
temp=3
```

分析：因为条件运算的结合方向是右结合性的，所以应该首先计算 a>c?a:c 表达式，这个表达式根据条件运算符的运算特点，值为 3，然后再运算 a>b?a:3，它的值为 3，所以最终 temp 的值为 3。

2.4.8　逗号运算符

在 Java 语言中，多个表达式可以用逗号分开，其中用逗号分开的表达式的值分别计算，但整个表达式的值是最后一个表达式的值。

假设 b=2,c=7,d=5,

```
a1=(++b,c—,d+3);
a2=++b,c—,d+3;
```

对于第一行代码，有三个表达式，用逗号分开，所以最终的值应该是最后一个表达式的值，也就是 d+3，为 8，所以 a=8；对于第二行代码，也是有三个表达式，这时的三个表达式为 a2=++b、c—、d+3（这是因为赋值运算符比逗号运算符优先级高），所以最终表达式的值虽然也为 8，但 a2=3。

在 Java 中，逗号运算符的唯一使用场所就是在 for 循环语句中。

例如：

```
for(i=1,s=1;i<=100;i++,s+=i)
```

根据逗号表达式的运算特点，这个 for 语句可以等价为：

```
s=1;
for(i=1;i<=100;i++)
s+=i;
```

2.4.9　位运算符和移位运算符

（1）位运算符

所有的数据、信息在计算机中都是以二进制形式存在的。我们可以对整数的二进制位进行相关的操作，这就是按位运算符，它主要包括：位的“与”、位的“或”、位的“非”、位的“异或”。位运算符属于二元运算符。

与位运算值表如表 2-9 所示。

或位运算值表如表 2-10 所示。

表 2-9　与位运算值表

A	B	A&B
1	1	1
1	0	0
0	1	0
0	0	0

表 2-10　或位运算值表

A	B	A|B
1	1	1
0	1	1
1	0	1
0	0	0

非位运算符是一元运算符，只对单个自变量起作用，它的作用是使二进制按位“取反”。如表 2-11 所示。

异或位运算符属于二元运算符。如表 2-12 所示。

表 2-11　非位运算值表

A	~A
1	0
0	1

表 2-12　异或位运算值表

A	B	A^B
1	1	0
0	1	1
1	0	1
0	0	0

【例 2-13】 测试位的与、或、异或运算。

```
public class Chapter2_13 {
    /**
    测试位的与、或、异或运算
     */
    public static void main(String[] args) {
        int a = 15;
        int b = 2;
        int x = a & b;
        int y = a | b;
        int z = a ^ b;
        System.out.println(a + "&" + b + "=" + x);
        System.out.println(a + "|" + b + "=" + y);
        System.out.println(a + "^" + b + "=" + z);
    }
}
```

运行结果为：

```
15 & 2 = 2
15 | 2 = 15
15 ^ 2 = 13
```

（2）移位运算符

移位运算符的操作对象也是二进制的“位”。可以单独用移位运算符来处理 int 型数据。它主要包括：左移位运算符（<<）、“有符号”右移位运算符（>>）、“无符号”右移位运算符（>>>）。

①左移位运算符

左移位运算符用符号“<<”表示。它是将运算符左边的对象向左移运动运算符右边指定的位数（在低位补 0）。

②“有符号”右移位运算符

“有符号”右移位运算符用符号“>>”表示。它是将运算符左边的运算对象向右移动运算符右侧指定的位数。它使用了“符号扩展”机制，也就是说，如果值为正，在高位补 0，如果为负，则在高位补 1。

③“无符号”右移位运算符

“无符号”右移位运算符用符号“>>>”表示。它同“有符号”右移位运算符的移动规则是一样的，唯一的区别就是：“无符号”右移位运算符采用了“零扩展”，也就是说，无论值为正为负，都在高位补 0。

【例 2-14】 移位运算符测试。

```
public class Chapter2_14 {
    /**
     移位运算符测试
     */
    public static void main(String[] args) {
         int a = 15;
```

```
        int b = 2;
        int x = a << b;
        int y = a >> b;
        int z = a >>> b;
        System.out.println(a + "<<" + b + "=" + x);
        System.out.println(a + ">>" + b + "=" + y);
        System.out.println(a + ">>>" + b + "=" + z);
    }
}
```

运行结果为：

```
15 << 2 =60
15 >> 2 = 3
15 >>> 2 =3
```

习　　题

一、选择题

1. 以下选项中不合法的用户标识符是（　　）。

A．f2_G3　　B．If　　C．4d　　D．_8

2. 以下选项中合法的用户标识符是（　　）。

A．long　　B．_2Test　　C．3Dmax　　D．A.dat

3. 以下正确的实型常量是（　　）。

A．1.2E　　B．.579899　　C．1.2e0.6　　D．8

4. 以下合法的八进制数是（　　）。

A．0135　　B．068　　C．013.54　　D．o7

5. 以下合法的十六进制数是（　　）。

A．0x　　B．0x4de　　C．0x1h　　D．ox77

6. 以下选项中非法的数值常量是（　　）。

A．019　　B．0L　　C．0xff　　D．1e1

7. 设 x 为 int 类型，其值为 11，则表达式（x++*1/3）的值是（　　）。

A．3　　B．4　　C．11　　D．12

8. 若题中变量已正确定义并赋值，以下符合 Java 语法的表达式是（　　）。

A．a%=7.6　　B．a++,a=7+b+c　　C．int(12.3)%4　　D．a=c+d=a+7

9. 若有定义“int a=8,b=5,c;”，执行语句“c=a/b+0.4;”后，c 的值是（　　）。

A．1.4　　B．1　　C．2.0　　D．2

10. 设 k 和 x 均为 int 型变量，且 k=7，x=12；则能使值为 3 的表达式是（　　）。

A．x%=(k%=5)　　B．x%=(k–k%5)

C．x%=k–k%5　　D．(x%=k)–(k%=5)

二、填空题

1. 已有定义“float f=13.8;”，则表达式“(int)f%3”的值是________。

2．已有定义“double x=3.5;”，则表达式“x=(int)x+1”的值是________。

3．设 a,b,c 为整型数，且 a 的值为 2，b 的值为 3，c 的值为 4，表达式“a*=16+(b++)–(++c)”的值为________。

4．已有定义“int x=3;”，则表达式“x=x+1.78”的值是________。

5．已有定义“int x=10,y=3,z;”，则表达式“z=(x%y,x/y)”的值是________。

6．若 x = 5，y = 10，则 x > y && x++ == y--的逻辑值为________。

三、简单题

1．简述 Java 语言的基本数据类型。

2．符号常量在程序中有什么重要作用？

3．简述 Java 语言基本数据类型的优先级别的高低。

4．自增自减运算符有哪些运算特点？

5．逻辑运算中的短路现象指的是什么？

第 3 章　控制结构和控制语句

3.1　输入/输出语句

什么样的程序才能算是一个优秀的程序？一个优秀的程序需要具备如下 5 个方面：有效性、可读性、健壮性、输入、输出。有效性指的是程序中的代码必须是行之有效的、正确的。可读性指的是程序中的变量及其他标识符的命名必须是按照命名规范的，并且要有必要的注释语句。健壮性指的是程序的运行必须要考虑到各种异常情况。而输入、输出指的是程序需要能够接收外部输入的数据，并且能够把处理的结果输出。由此可见，输入/输出对于程序来说是非常重要的，一个程序如果没有输入，那么它就不具备和用户交互的能力，如果没有输出，那么它的处理结果就不能被用户看到，程序就失去了意义。在本节中，首先对输入/输出进行详细介绍。

3.1.1　控制台输入语句

控制台输入语句主要是由 Scanner 类来实现的。Scanner 类是 JDK 1.5 后新增的一个类，这个类最主要的作用是获取控制台输入。

语法格式：

```
Scanner input =new Scanner(System.in);
```

Scanner 类提供了非常丰富的输入方法：nextInt()、nextDouble()、nextFloat()、next ()等，通过这些方法，可以输入各种不同类型的数据，例如，nextInt( )方法可以输入整型数，nextDouble()方法可以输入 double 型的数据，nextFloat()方法可以输入 float 型的数据，nextLine()方法可以输入字符串，当这些方法执行时，程序的运行将发生中断，当数据输入后，才可以继续进行。

如果输入的数据的类型和输入方法不一致时，程序将会发生异常，例如，如果执行的是 nextInt()方法，而输入的却是一个 double 型的数据，这时程序将会报错。为了解决这个问题，Scanner 类提供了一套 boolean 型的判断方法：hasNextInt()、hasNextDouble()、hasNextFloat()等，这些方法的作用就是判断输入的数据是否是该方法所要求的数据类型，例如，hasNextInt()方法的作用就是判断输入的数据是否是整型，通过这些 boolean 方法和输入方法的配套使用，可以有效地控制输入的数据类型，并且保证程序的健壮性。

【例 3-1】 从终端分别输入一个整型数据和一个 double 型的数据，并且进行输出。

```
import java.util.Scanner;
public class Chapter3_1 {
    /**
     Scanner 语句测试
     */
```

```
    public static void main(String[] args) {
        Scanner input=new Scanner(System.in);
        System.out.println("请输入一个整数");
        int num=input.nextInt();
        System.out.println("请输入一个浮点数");
        double salary=input.nextDouble();
        System.out.println("您所输入的整数为:"+num);
        System.out.println("您所输入的浮点数为:"+salary);
    }
}
```

程序运行后，分别输入一个整数和一个 double 型的数据，运行结果为：

```
请输入一个整数
120
请输入一个浮点数
12.1
您所输入的整数为:120
您所输入的浮点数为:12.1
```

如果输入的数据和输入方法不一致，程序将会报错，当程序提示输入整数时，若输入了一个 double 型的数据，则会发生异常。

```
请输入一个整数
12.1
Exception in thread "main" jave.util.InputMismatchException
        at java.util.Scanner.throwFor(Scanner.java:864)
        at java.util.Scanner.next(Scanner.java:1485)
        at java.util.Scanner.nextInt(Scanner.java:2117)
        at java.util.Scanner.nextInt(Scanner.java:2076)
        at chapter3.javabook.Chapter3 1.main(Chapter3 1.java:12)
```

怎么解决这个问题？可以采用 Scanner 类提供的判断方法进行判断。

【例 3-2】 从终端分别输入一个整型数据和一个 double 型的数据，如果输入有误，需要输出判断信息。

```
import java.util.Scanner;
public class Chapter3_2 {
    /**
     Scanner 语句测试
     */
    public static void main(String[] args) {
        int num=0;
        double salary=0;
        Scanner input=new Scanner(System.in);
        System.out.println("请输入一个整数");
        if(input.hasNextInt())
        num=input.nextInt();
        else
        {
```

```
            System.out.println("您输入的数据有误");
        }
        System.out.println("请输入一个浮点数");
        if(input.hasNextDouble())
        salary=input.nextDouble();
        else
        {
            System.out.println("您输入的数据有误");
        }
        System.out.println("您所输入的整数为:"+num);
        System.out.println("您所输入的浮点数为:"+salary);
    }
}
```

运行结果为：

```
请输入一个整数
12.1
您输入的数据有误
请输入一个浮点数
您所输入的整数为:0
您所输入的浮点数为:12.1
```

当 nextInt( )方法输入的是浮点型数据时，将提示输入有误。如何能实现如果输入有误，就重复输入，直到输对为止呢？这个当然也要用到输入判断方法，但是需要用到循环结构，这个问题到后面的章节中再行解决。

3.1.2　控制台输出语句

控制台输出语句是由 System 类的 out 流来实现的，System.out 提供了多个输出方法，控制台输出方法主要由 print 方法和 println 方法实现，前者不能实现换行，后者可以实现换行。如何灵活地运用输出语句来显示运行效果，对程序来说非常重要。

【例 3-3】 输出如下的星号三角形。

```
*
***
*****
********
```

```
public class Chapter3_3 {
    /**
     输出语句测试
     */
    public static void main(String[] args) {
        System.out.println("*");
        System.out.println("***");
        System.out.println("*****");
        System.out.println("*******");
    }
}
```

输出结果为：

```
*
***
*****
*******
```

输出方法 print 和 println 具有多种重载形式，可以输出各种数据类型的数据，如整型、浮点型、布尔型、字符串等，在书写输出方法时，可以结合转义字符，从而使得输出形式更加良好。

【例 3-4】 输出方法综合测试。

```
public class Chapter3_4
{
    /**
     输出语句综合测试
     */
    public static void main(String[] args) {
        int a=12;//整型数
        double d=3.14;//浮点数
        char ch='a';//字符型
        long l=2100;//长整型
        System.out.println("整型数:"+a+"\t"+"浮点数:"+d);
        System.out.println("字符型数:"+ch+"\t"+"长整型数:"+l);
    }
}
```

运行结果为：

```
整型数:12       浮点数:3.14
字符型数:a      长整型数:2100
```

“\t”转义字符的作用是跳到下一个输出区进行输入，而一个输出区占 8 位，所以有以上的显示效果。

3.2 选择结构

程序设计时，经常需要根据条件表达式或变量的不同状态选择不同的路径，解决这一类问题，通常使用选择结构。实现选择结构的语句主要有两种：if 语句和 switch 语句。下面分别对这两种语句进行介绍。

3.2.1 if 语句

if 语句可以分为单分支的 if 语句、双分支的 if 语句、多分支的 if 语句、嵌套的 if 语句，下面将对这些 if 语句进行介绍。

1. 单分支的 if 语句

语法格式：

```
if(关系表达式或逻辑表达式)
    语句(块)1;
```

说明：if 是该语句中的关键字，后面紧跟一对圆括号，该对圆括号在任何时候都不能省略，圆括号里面是具体的条件，语法上要求该表达式结果为 boolean 类型。圆括号后面为语句(块)1，语句(块)1 是当条件成立时执行的代码，在程序书写时，一般为了增加程序的可读性，语句(块)1 一般需要缩进。

注意：语句(块)1 可以是一条语句，也可以是一个语句块，所谓的语句块就是一组语句的集合，用花括号括起来。

if 语句的执行流程是这样的，如果圆括号中的布尔表达式条件成立，则执行后面所跟的语句。否则跳过 if 语句，执行程序下面的语句。

流程图如图 3-1 所示。

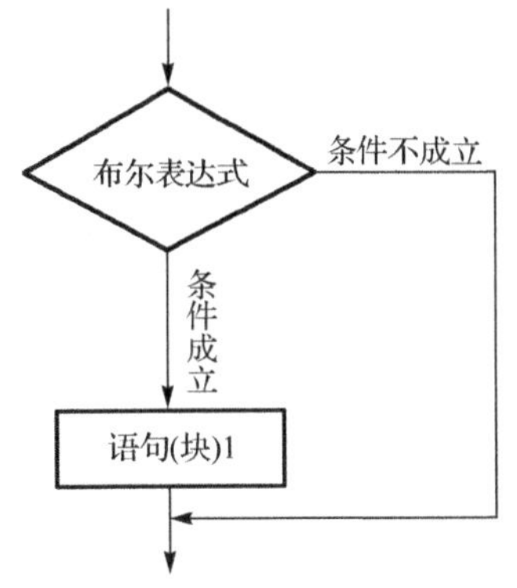

图 3-1　单分支的 if 语句流程图

【例 3-5】 从键盘输入一个整数，判断其是否为偶数。

```
import java.util.Scanner;
public class Chapter3_5 {
    /**
     单分支 if 语句测试
     */
    public static void main(String[] args) {
        int num=1;
        Scanner input=new Scanner(System.in);
        num=input.nextInt();
        if(num%2==0)     //除 2 求余,如果等于 0,则该数为偶数
        System.out.println(num+"为偶数");
        System.out.println(num+"为奇数");
    }
}
```

运行结果为：

```
输入:5
输出:5 为奇数
输入:4
输出:
4 为偶数
4 为奇数
```

输出结果可以说明，单分支 if 语句的控制范围仅仅是其后面紧跟的语句或语句块，条件成立，则执行其后面紧跟的语句或语句块，条件不成立，则继续往下执行。

【例 3-6】 分析以下程序的运行结果。

```
public class Chapter3_6 {
    /**
     单分支 if 语句测试
     */
    public static void main(String[] args) {
        int a=12;
        int b=24;
        int temp=0;
        if(a>b)
```

```
            temp=a;
           a=b;
           b=temp;
        System.out.println("a="+a);
        System.out.println("b="+b);
    }
}
```

运行结果为：

```
a=24
b=0
```

为什么会有这样的输出结果呢？下面进行分析，以上这个程序中出现了交换两个变量的三条语句“temp=a; a=b; b=temp;”，这很容易让人产生思维定势，但实际上 if 语句的控制范围仅仅是与其紧挨的“temp=a;”，因为 a 的值为 12，b 的值为 24，a>b 这个条件是不成立的，所以 temp=a 将不被执行，程序将跳过这条语句去执行下面的“a=b;b=temp;”，通过赋值操作 a 的值变成了 24，b 的值变成了 0，最后的输出结果为 a=24,b=0。

2. 双分支的 if 语句

语法格式：

```
if(关系表达式或逻辑表达式)
    语句(块)1;
else
    语句(块)2;
```

说明：if else 语句由 if 语句部分和 else 语句部分组成，其中 if 后面紧跟的是一个由小括号括起来的布尔表达式，后面是语句(块)1，else 后面不需要跟布尔表达式，else 的作用是对 if 后面布尔表达式的取反运算，else 后面紧跟的是语句(块)2，为了使程序更加清晰，通常书写格式如上所示。

if else 语句的执行流程是这样的：如果 if 后面所跟的条件成立，则执行其后面的语句(块)1，否则，则执行 else 后面所跟的语句(块)2。从这个流程可以看到，if else 结构是一个封闭的结构，虽然有两个分支，但是可以执行的分支只有一个，也就是说，选择执行的出口有且仅有一个，这也是选择结构设计的基本原则。

流程图如图 3-2 所示。

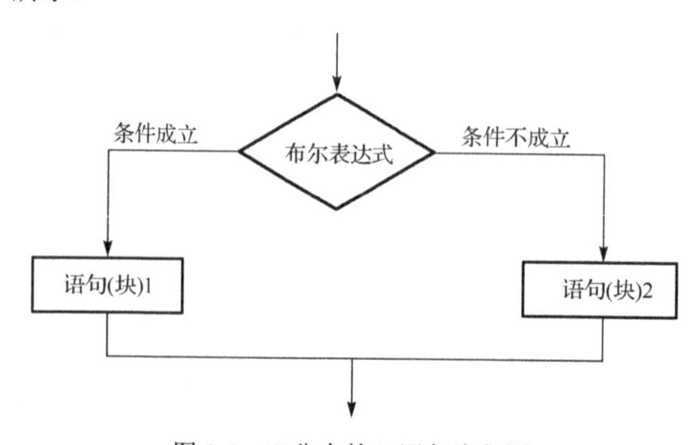

图 3-2 双分支的 if 语句流程图

【例 3-7】 编写程序，判断给定的某个年份是否为闰年。

闰年的判断规则如下：

（1）若某个年份能被 4 整除但不能被 100 整除，则是闰年；

（2）若某个年份能被 400 整除，则也是闰年。

```
import java.util.Scanner;
public class Chapter3_7 {
    /**
     闰年判断
     */
    public static void main(String[] args) {
        System.out.print("请输入年份");
           int year;    //year 为输入的年份
           Scanner input = new Scanner(System.in);
           year = input.nextInt();
           if (year<0||year>3000){//如果输入过大或过小,直接视为非法数据
              System.out.println("年份有误,程序退出!");
              System.exit(0);
              }        if((year%4==0)&&(year%100!=0)||(year%400==0))
              System.out.println(year+" 是闰年");
           else
              System.out.println(year+" 不是闰年");
           }

    }
```

分析：在这个闰年的判断程序中，有两种选择语句，第一个选择语句是单分支的 if 语句，第二个选择结构是双分支的 if 语句，即 if else 语句，if 后面跟的是闰年的判断条件，如果这个条件成立，则输出该年份是闰年，否则，则输出该年份不是闰年。

【例 3-8】 输入学生的成绩，判断是否及格。

```
public class Chapter3_8 {
    /**
     if else 语句
     */
    public static void main(String[] args) {
        int score;
        Scanner input=new Scanner(System.in);
        System.out.print("请输入学生的成绩");
        score=input.nextInt();
        if(score>=60)
          System.out.print("及格");
        else
          System.out.print("不及格");
    }
}
```

运行结果为：

```
输入:87
输出:及格
```

分析：大于等于 60 分的成绩是及格的，小于 60 分的成绩是不及格的，很明显 else 是对 if 后面所跟条件的一个取反运算。

3. 多分支的 if 语句

语法格式：

```
if(布尔表达式 1)
   语句(块)1;
else if(布尔表达式 2)
   语句(块)2;
      else if(布尔表达式 3)
      语句(块)3;
      …
         else
         语句(块)n;
```

格式说明：多分支 if 语句是由多个 if else 分支组成的，if 语句部分和上面的两种结构基本一样，后面的 else 部分除了对 if 后面布尔表达式的取非运算外，还要在跟一个 if 判断，所以每个 else if 判断都是在对上一个条件取非运算的基础上再逻辑与下一个条件，如上面的结构中 else if(布尔表达式 2)，这个条件如果用逻辑表达式的形式来表示的话，可以写为：!(布尔表达式 1)&&(布尔表达式 2)，以此类推，下面的选择判断都是这样的。

流程说明：多分支 if 语句的执行流程是这样的，如果布尔表达式 1 成立，则执行语句(块)1，否则，如果布尔表达式 1 不成立，而布尔表达式 2 成立，则执行语句(块)2，如果以上条件都不成立，则执行 else 后面的语句(块)n。

流程图如图 3-3 所示，

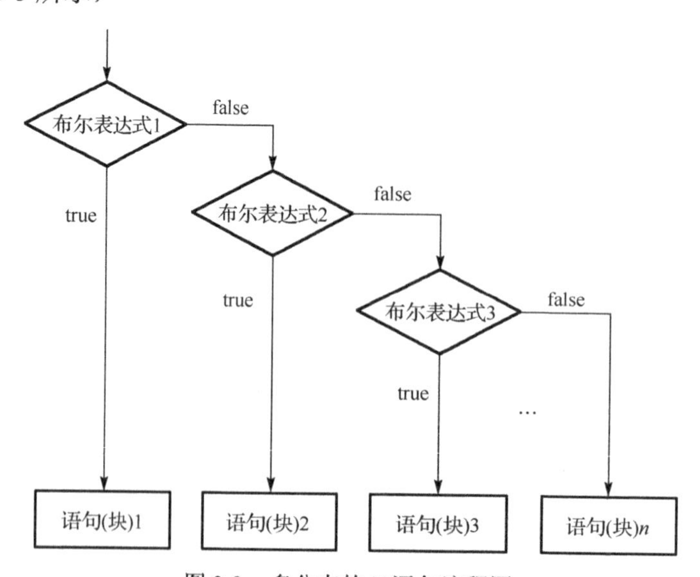

图 3-3 多分支的 if 语句流程图

【例 3-9】 有如下公式，请输入一个 x，输出相应的 y。

$$y=\begin{cases}x & (x<1)\\ 2x-1 & (1\leqslant x<10)\\ 3x-11 & (x\geqslant 10)\end{cases}$$

```java
import java.util.Scanner;
public class Chapter3_9 {
    /**
     多分支 if 语句
     */
    public static void main(String[] args) {
        int x,y;
        Scanner input=new Scanner(System.in);
        System.out.println("请输入整数 x");
        x=input.nextInt();
        if(x<1)
            y=x;
        else if(x<10)
            y=2*x-1;
        else
            y=3*x-11;
        System.out.println("y="+y);
    }
}
```

运行结果为:

```
输入:6
输出:y=11
```

分析：在本例中，使用多分支的 if 语句将数学问题转换成 Java 程序实现。充分利用多分支 if else 结构的特点，即每个 else if 判断都是在对上一个条件取非运算的基础上再逻辑与下一个条件，从而构建数学问题中的选择判断条件，例如，else if(x<10)实际表示的条件应该为：x>=1&&x<10。

【例 3-10】 输入一个百分制的成绩，要求输出成绩等级'A'、'B'、'C'、'D'、'E'。90 分以上为'A'，80～89 分为'B'，70～79 分为'C'，60～69 分为'D'，60 分以下为'E'。

```java
import java.util.Scanner;
public class Chapter3_10 {
    /**
     百分制成绩转换成五分制成绩
     */
    public static void main(String[] args) {
        int score;
        Scanner input=new Scanner(System.in);
        System.out.print("请输入学生的成绩");
        score=input.nextInt();
        if(score>=90)
            System.out.print("A");
        else if(score<90)
```

```
                System.out.print("B");
            else if(score<80)
                System.out.print("C");
            else if(score<70)
                System.out.print("D");
            else
                System.out.print("E");
    }
}
```

运行结果为：

```
输入:86
输出:B
```

分析：百分制成绩转换成五分制成绩是一个比较经典的多分支选择判断问题，本例通过多分支 if 语句实现了学生比较熟悉的成绩等级问题的转换。

4．嵌套的 if 语句

语法格式：

```
if(布尔表达式 1)
{
   if(布尔表达式 2)
      语句(块)1;
   else
      语句(块)2;
}
else
{
    if(布尔表达式 3)
      语句(块)3;
    else
      语句(块)4;
}
```

说明：所谓嵌套结构，就是在一种结构中又出现了一种与之相同的结构，在嵌套的 if 语句中，子结构既可以出现在 if 语句中，也可以出现在 else 语句中。在嵌套结构中，if 和 else 如何配对非常重要，配对规则为：从下往上，else 总是与它上面的、离它最近的、尚未配对的 if 进行配对。

嵌套的 if 语句的执行流程是这样的：如果布尔表达式 1 成立，则执行其后面所跟的这个子 if 结构，对这个子 if 结构进行判断。否则，则执行 else 后面的子 if 结构，对于子 if 结构的执行流程和前面是一样的。

流程图如图 3-4 所示。

【例 3-11】 已知 3 个整数 a、b、c，求其中最大的数。

```
public class Chapter3_11 {
    /**
     已知 3 个整数，求其中最大的数
```

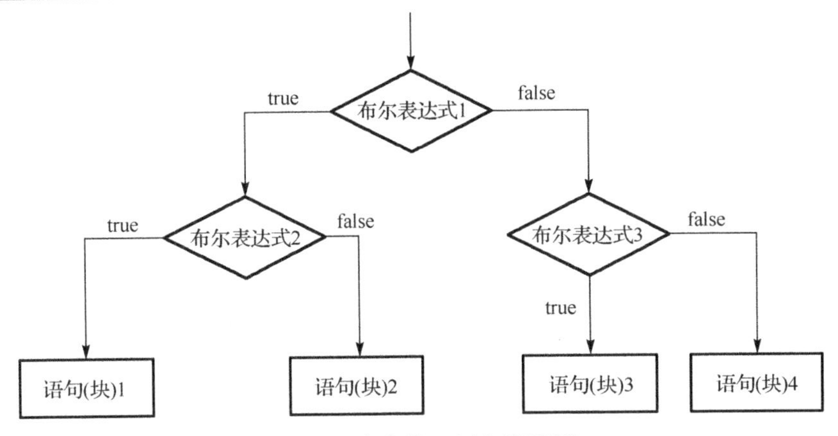

图 3-4　嵌套的 if 语句流程图

```
    */
    public static void main(String[] args) {
        int a=15;
        int b=7;
        int c=21;
        if(a>b)
        {
            if(a>c)
                System.out.println("a="+a);
            else
                System.out.println("c="+c);
        }
        else
            if(b<c)
                System.out.println("c="+c);
            else
                System.out.println("b="+b);
    }
}
```

运行结果为：

```
c=21
```

分析：这个题目就是一个典型的 if else 语句的嵌套结构，首先在 a>b 的前提条件下，如果这时 a>c，那么 a 肯定是最大的值，如果 a<c，那么 c 就是最大的值。否则，如果在 a<b 的前提下，如果 b<c，那么 c 就是最大的值，如果 b>c，那么 b 就是最大的值。

3.2.2　switch 语句

语法格式：

```
switch(表达式)
{
case 常量表达式 1:语句 1; break;
case 常量表达式 2:语句 2; break;
```

```
…
case 常量表达式n:语句n; break;

default:语句n+1;
}
```

说明：

（1）switch 是关键字，表示 switch 语句的开始。

（2）switch 语句中的表达式的值可以是 int、short、byte、char 类型的值。

（3）case 后面的各个值必须是 int、short、byte、char 类型的常量，各个 case 后面的常量值不能相同。

（4）switch 语句的功能是把表达式返回的值与每个 case 子句中的值比较，如果匹配成功，则执行该 case 后面的子句。

（5）case 后面的子句和 if 后面的子句相似，可以是一条语句，也可以是多条语句；不同的是当子句为多条语句时，不用花括号。

（6）break 语句的作用是执行完一个 case 分支后，使程序跳出 switch 语句，即终止 switch 语句的执行。如果某个子句后不使用 break 语句，则继续执行下一个 case 语句，直到遇到 break 语句，或遇到标志 switch 语句结束的花括号。

（7）最后的 default 语句的作用是当表达式的值与任何一个 case 语句中的值都不匹配时，执行 default；如省略 default，则直接退出 switch 语句。

switch 语句的作用可以等价于多分支的 if 语句，但这种结构更加清晰明了，所以也是一种比较常用的选择结构，设计 switch 后面的表达式，对于设计 switch 结构来说是非常重要的，一般有两个设计原则：

（1）要考虑到所有的选择判断情况；

（2）表达式的值尽可能少。

因为只有考虑到所有的选择判断情况，才是一个合格的选择结构，只有表达式的值尽可能少，才能使得 case 后面的常量数量较少，从而使得程序结构更加简洁。

【例 3-12】 使用 switch 结构改造百分制成绩转换五分制成绩程序。

```java
import java.util.Scanner;
public class Chapter3_12 {
    /**
     百分制成绩转换成五分制成绩 switch 结构解决方案
     */
    public static void main(String[] args) {
        int score;
        Scanner input=new Scanner(System.in);
        System.out.print("请输入学生的成绩");
        score=input.nextInt();
        switch(score/10)
        {
        case 10:
        case 9:System.out.print("A");break;
        case 8:System.out.print("B");break;
```

```
            case 7:System.out.print("C");break;
            case 6:System.out.print("D");break;
            default:System.out.print("E");
            }
        }
}
```

分析：通过 score/10，使得表达式的值为 0、1、2、3、4、5、6、7、8、9、10，个数有限并且最少，根据算术运算的特点，[90,100]之间的整数除以 10 结果是 10 和 9 两个数，[80,89]之间的整数除以 10 结果都是 8，[70,79]之间的整数除以 10 结果都是 7，[60,69]之间的整数除以 10 结果都是 6，剩下的整数可以用 default 语句组织，这样很容易根据 switch 语句构建选择结构。

【例 3-13】 编写 Java 程序，在不考虑闰年的情况下，使用 switch 语句实现判断每月有几天。

```
import java.util.Scanner;
public class Chapter3_13 {
    /**
    switch 结构测试
     */
    public static void main(String[] args) {
        int c;
        Scanner input = new Scanner(System.in);
        System.out.println("请输入想要判断月份的 i");
          c = input.nextInt();
        switch(c){
        case 1:
        case 3:
        case 5:
        case 7:
        case 8:
        case 10:
        case 12: System.out.println("本月 31 天");break;
        case 4:
        case 6:
        case 9:
        case 11: System.out.println("本月 30 天");break;
        case 2: System.out.println("本月 28 天");break;
        default: System.out.println("error");
        }
    }
}
```

运行结果为：

```
输入:3
输出:本月 31 天
```

分析：一年有 12 个月，这样 case 后面所跟的常量个数是有限的，符合 switch 结构设计的一般规则，并且多个 case 语句可以公用一组语句，而 break 语句并不是结构所必需的，但如果省略了 break 语句，将不能跳出 switch 结构，在 switch 结构中可以根据需要灵活使用 break 语句。

3.3 循环结构

循环结构是 Java 程序设计的基本结构，相对于选择结构，循环结构过程比较复杂，但功能比较强大，循环结构的引入使得程序能够解决以前不能解决的问题，同时代码结构更加清晰明了，所以这种结构是一种非常重要的结构。

实际上，在日常的生活中，循环的例子是层出不穷的，例如，运动员绕 400 米跑道进行跑步训练，教练员要求他跑够 10 圈就可以休息。运动员绕跑道跑步的这个行为就是一个循环进行的行为。再例如，厨师炒鸡蛋，需要首先把鸡蛋打碎搅匀，厨师用筷子一圈一圈地搅匀鸡蛋的行为，也是一个循环的行为，直到鸡蛋被搅匀为止。从这些生活实例中我们可以发现，一个循环的行为，首先肯定要构成一个回路，也就是一个从起点开始再回到起点的操作。并且还可以发现对于一个循环来说，有两个要素是非常重要的：一个是重复执行的那个行为，一个是循环的结束条件。对于运动员绕操场跑步，那个重复执行的行为就是跑步，循环的结束条件就是跑 10 圈，这两个条件是缺一不可的，离开了跑步这个行为的跑步操作是不可能实现的，离开了跑 10 圈结束的这个循环条件，运动员可能就要无休止地跑下去了，这是不可想象的。对于厨师炒鸡蛋来说，用筷子搅鸡蛋的这个行为就是重复执行的行为，直到搅匀为止是循环的结束条件，这两个要素都是不可或缺的。

在 Java 语言中，把这个循环执行的行为叫做循环体，把循环结束判断条件叫做循环条件。对于一个循环结构，除了这两个重要要素外，还有其他两个重要的辅助元素，即循环变量的初始化，以及循环变量的迭代。这样我们可以得出，一个完整的循环结构具有以下 4 个部分：①循环变量的初始化，设置循环的初始状态；②循环体，即重复执行的代码；③循环变量的迭代，下一次循环开始前执行的部分；④循环条件，即判断是否继续循环的条件。

在设计循环结构时，主要就是抽象出循环执行的循环体及循环结束判断的循环条件，再加上循环变量的初始化及迭代，这样一个循环结构就设计出来了。

在 Java 中，为循环结构的设计提供了三种语句，即 while 语句、do while 语句、for 语句。下面对这些语句进行详细介绍。

3.3.1 while 语句

语法格式：

```
while(循环条件)
{ 循环体; }
```

说明：while 是循环结构的关键字之一，后面紧跟一对小括号，该对小括号任何时候都不能省略，小括号里面是具体的条件，语法上要求该表达式结果为 boolean 类型，可以是关系表达式或逻辑表达式。while 结构的主体部分用花括号{}括起来，花括号中是需要循环执行的部分。

while 语句的执行流程是这样的：当循环条件成立时，就执行循环体，当条件不成立时，就跳出循环体。

这种结构经常需要在循环之外对循环变量进行初始化，而循环体中需要包含对循环变量迭代的语句。

while 循环经常用于循环次数未知的循环，如本节之前所说的厨师搅鸡蛋。就可以用 while 伪代码来表示：

```
while(鸡蛋尚未搅匀)
{
搅鸡蛋;
}
```

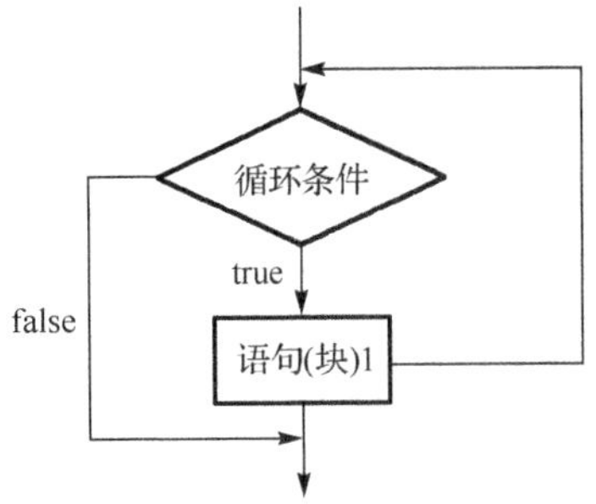

while 语句流程图如图 3-5 所示。

图 3-5　while 语句流程图

【例 3-14】 计算 1+2+3+4+…+100。

```java
public class Chapter3_14 {
    /**
     while 语句
     */
    public static void main(String[] args) {
        int i=0;            //循环变量初始化
        int sum=0;          //累加和变量及初始化
        while(i<=100)
        {
            sum+=i;         //累加和公式
            i++;            //循环变量的迭代
        }
    }
}
```

输出结果为：sum=5050

例 3-14 是一个典型的有规律数的累加和问题，在没有循环结构之前，这个问题的解决方法可能是需要一个数一个数地进行相加了，这种方法的工作量是非常大的。而引入循环结构可以使这类问题的解决变得非常简单，几条语句就可以解决。

首先定义一个循环变量 i，用来表示 0～100 之间的整数，再定义一个累加和变量 sum，用来统计每次累加的和，经过分析可以知道，循环执行的语句就是“sum=sum+i;”，称之为累加和公式，这就是该循环程序的循环体。这样循环条件和循环体就都分析出来了，再配以循环变量的初始化及迭代，一个累加和问题的解决程序就可以编写出来了。

所以累加和问题完全可以程式化：

（1）定义循环变量 i 与累加和变量；

（2）抽象分析出累加和公式；

（3）构建循环结构，输出结果。

【例 3-15】 已知数列 1、3、5、7、9、…、$2\times n+1$，统计该数列的前 10 项的和。

```java
public class Chapter3_15 {
    /**
     累加和算法
     */
    public static void main(String[] args) {
        int i=0;
```

```
            int sum=0;
            while(i<10)
            {
                sum+=2*i+1;
                i++;
            }
            System.out.println("sum="+sum);
        }
}
```

运行结果为：

```
sum=100
```

分析：例 3-15 也是一个有规律数的累加和问题，题中所给的数列是一个等差数列，公差为 2，根据数学知识可以求得等差数列的通项公式 2*i+1，当然本题已经给出了这个公式，从而可以抽象出累加和公式“sum+=2*i+1;”，再在循环前对循环变量进行初始化，在循环中对循环变量进行迭代，就可以设计出该题的循环程序。

3.3.2 do while 语句

语法格式：

```
do
{
循环体;
}while(循环条件);
```

说明：do while 循环的循环条件在语句的最后，语句的最后必须以分号结束。这是其结构的特点。do while 循环的执行流程为：先执行一次指定的循环体语句，然后判别表达式，当表达式的值为 true 时，返回重新执行循环体语句，如此反复，直到表达式的值为 false 为止，此时循环结束。

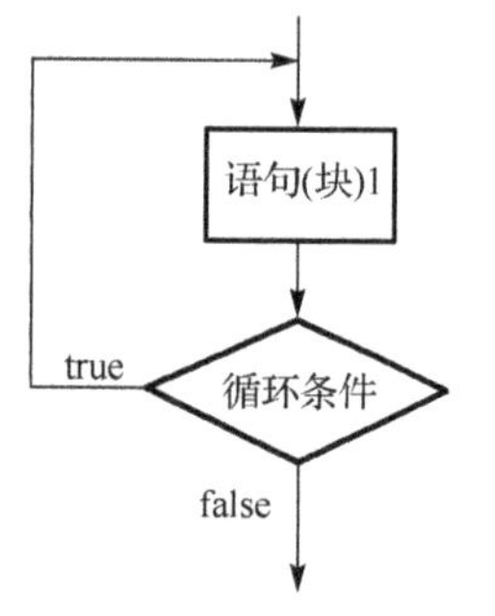

图 3-6 do while 语句流程图

下面将 do while 循环和 while 循环进行比较。

（1）while 循环是先判断循环条件，再执行循环体，do while 循环是先执行循环体，再判断循环条件。

（2）如果 while 循环一开始条件表达式就是假的，那么循环体就根本不被执行，而 do while 循环的循环体至少被执行一次。

（3）虽然 do while 循环的循环条件在语句的最后，但两种循环都是当循环条件成立时执行循环，条件不成立时退出循环。

do while 语句流程图如图 3-6 所示。

【例 3-16】 分析以下程序的输出结果。

```
public class Chapter3_16 {
    /**
     do while 语句和 while 语句的比较
     */
    public static void main(String[] args) {
        int m=10,n=10;
        while(m<10)
```

```
        {
            m++;
        }
        System.out.println("m="+m);
        do
        {
            n++;
        }while(n<10);
        System.out.println("n="+n);
    }
}
```

运行结果为：

```
m=10
n=11
```

while 循环是先判断条件再执行循环体，而 do while 循环是先执行循环体再判断条件，循环体至少要执行一次，所以当 m<10 不成立时，while 循环就直接跳出了，所以 m++也就没有执行到，而对于 do while 循环，n++是至少执行一次的，所以就有了以上的结果。

【例 3-17】 求 10!。

```
public class Chapter3_17 {
    /**
     累乘积问题
     */
    public static void main(String[] args) {
        int i=1;            //循环变量
        int sum=1;          //累乘积变量
        do
        {
            sum*=i;         //累乘积公式
            i++;
        }while(i<=10);
        System.out.println("sum="+sum);
    }
}
```

运行结果为：

```
sum=3628800
```

例 3-17 是一个有规律数的累乘积问题，对于这类问题的解决首先定义一个循环变量 i，用来表示 1～10 之间的整数，再定义一个累乘积变量 sum，用来统计每次累乘的积，经过分析可以知道，循环执行的语句就是“sum=sum*i;”，称之为累乘积公式，这就是该循环程序的循环体。这样循环条件和循环体就都分析出来了，再配以循环变量的初始化及迭代，一个累乘积问题的解决程序就可以编写出来了。

所以累乘积问题也可以程式化：

（1）定义循环变量 i 和累乘积变量，累乘积变量的初始值一般为 1；

（2）抽象分析出累乘积公式；

（3）构建循环结构，输出结果。

3.3.3 for 语句

语法格式：

```
for(表达式 1;表达式 2;表达式 3) 语句(块);
```

说明：

Java 语言中的 for 语句的使用最为灵活，不仅可以用于循环次数已经确定的情况，而且可以用于循环次数不确定而只给出循环结束条件的情况，它完全可以代替 while 语句。

for 语句的执行过程为：

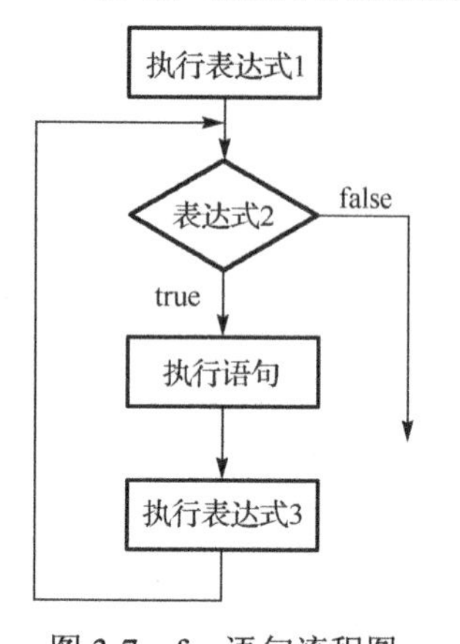

图 3-7 for 语句流程图

（1）先求解表达式 1。

（2）判断表达式 2，若其值为真，则执行 for 语句中指定的内嵌语句，然后执行第（3）步。若为假，则结束循环，转到第（5）步。

（3）求解表达式 3。

（4）转回第（2）步继续执行。

（5）循环结束，执行 for 语句下面的一个语句。

for 语句流程图如图 3-7 所示。

对于 for 语句需要有如下说明。

（1）for 语句的一般形式中的“表达式 1”可以省略，此时应在 for 语句之前给循环变量赋初值。注意省略表达式 1 时，其后的分号不能省略。如

```
for(;i<=100;i++)  sum=sum+i;
```

执行时，跳过“求解表达式 1”这一步，其他不变。

```
int i=1;
for(;i<=100;i++)  sum=sum+i;
```

（2）如果表达式 2 省略，即不判断循环条件，循环将无终止地进行下去。也就是认为表达式 2 始终为真。

例如：for(i=1; ;i++) sum=sum+i;

表达式 1 是一个赋值表达式，表达式 2 空缺。它相当于：

```
i=1;
while(true)
{sum=sum+1;i++;}
```

（3）表达式 3 也可以省略，但此时程序设计者应另外设法保证循环能正常结束。如：

```
for(i=1;i<=100;)
{sum=sum+i;
i++;}
```

在此 for 语句中只有表达式 1 和表达式 2，而没有表达式 3。i++的操作不放在 for 语句的表达式 3 的位置处，而作为循环体的一部分，效果是一样的，都能使循环正常结束。

（4）可以省略表达式1和表达式3，只有表达式2，即只给循环条件。如：

```
for(;i<=100;)                    while(i<=100)
{                                {
sum=sum+i;                       sum=sum+i;
i++;                             i++;
}                                }
```

在这种情况下，完全等同于while语句。可见for语句比while语句功能强，除了可以给出循环条件外，还可以赋初值，使循环变量自动增值等。

（5）三个表达式都可省略，如“for(; ;)”语句相当于“while(true)”语句。

即不设初值，不判断条件（认为表达式2为真值），循环变量不增值，无终止地执行循环体。

（6）表达式1可以是设置循环变量初值的赋值表达式，也可以是与循环变量无关的其他表达式。如：

```
for (sum=0;i<=100;i++)
   sum=sum+i;
```

表达式3也可以是与循环控制无关的任意表达式。

表达式1和表达式3不但可以是一个简单的表达式，也可以是逗号表达式，即包含一个以上的简单表达式，中间用逗号间隔。如：

```
for(sum=0,i=1;i<=100;i++) sum=sum+i;
```

循环体语句都写在了for语句里面了，所以for语句相对来说更简单、方便。

【例3-18】 求2/1+3/2+5/3+8/5+13/8+…前20项之和。

```
public class Chapter3_18 {
    /**
    for 语句测试
     */
    public static void main(String[] args) {
        double sum=0;          //累加和变量
        double temp=0;         //临时变量
        double numerator=2.0, denominator=1.0;
                               //初始的分子 numerator=2, 分母 denominator=1
        for(int i=1; i<=20; i++){
        sum += numerator / denominator;        //累加和公式
        temp = denominator;
        denominator = numerator;               //下一项的分母 = 上一项的分子
       numerator += temp;                      //下一项的分子 = 上一项的分子加分母
           }
           System.out.println("sum= "+sum);
    } }
```

运行结果为：

```
sum= 32.66026079864164
```

这个程序实际上也是一个有规律数的累加问题，累加和公式为“sum+=numerator/denominator;”，根据数列的特点推算出迭代公式“temp=denominator;denominator=numerator; numerator+= temp;”。所谓迭代，就是不断用新值取代旧值，或者由旧值递推出新值的操作。所以这个累加和问题也用到了迭代算法。下面的这个程序中也用到了迭代算法。

【例3-19】 猴子第一天摘下若干桃子，当即吃了一半，又多吃了一个。第二天早上又将剩下的桃子吃掉一半，又多吃了一个。以后每天早上都吃了前一天剩下的一半加一个。到第 8 天早上想再吃时，见只剩下一个桃子了。则第一天共摘了多少?

```
public class Chapter3_19 {
    /**
    猴子吃桃子问题
     */
    public static void main(String[] args) {
        int initialNum=1;
          for(int i=1;i<8;i++){
             initialNum=(initialNum+1)*2;
          }
          System.out.println("桃子总数为:"+initialNum);
    }
}
```

运行结果为：

```
桃子总数为:382
```

猴子吃桃子问题是一个比较经典的迭代算法问题，根据题意可以推算出迭代公式“initialNum=(initialNum+1)*2;”，迭代算法的关键就是推算出迭代公式。

3.3.4 循环语句的嵌套

一个循环体内又包含另一个完整的循环结构，称为循环的嵌套。内嵌的循环中还可以嵌套循环，这就是多层循环。三种循环（while 循环、do while 循环和 for 循环）可以互相嵌套。

以二重循环为例，以下语法格式都是合法的

```
while()                      do                          for()
{                            {                           {
while()                      do                          for()
{                            {                           {
}                            }while();                   }
}                            }while();                   }
```

当然 while 循环也可以和 do while 循环，for 循环也可以和 while 循环互相嵌套，在此不再赘述。

【例 3-20】 在屏幕上打印出 5 行的*号三角形，图案如下

```
    *
   ***
  *****
 *******
*********
```

```
public class Chapter3_20 {
    /**
     双重循环测试
     */
    public static void main(String[] args) {
          for(int i=1;i<=5;i++){//i 表示行数
              //打印空格
```

```
            for(int k=0;k<5-i;k++){
                System.out.print(" ");
            }
            //打印星星
            for(int m=0;m<2*i-1;m++){
                System.out.print("*");
            }
            System.out.println();
        }
    } }
```

在这个双重循环中，外重循环为“for(int i=1;i<=5;i++)”，内重循环中包含两个循环，一个是“for(int k=0;k<5-i;k++)”，另外一个是“for(int m=0;m<2*i-1;m++)”，这两个内重循环之间的关系是平行关系，只存在先后顺序，不存在嵌套关系。

关于双重循环的设计思路，往往外重循环是控制宏观的大的方面，内重循环则是进行细节把控，例如，外重循环“for(int i=1;i<=5;i++)”进行的是输出多少行的宏观控制，而具体每一行的输出情况则是由内重循环进行细节把控的。

3.3.5　break 和 continue 语句

1. break 语句

语法格式：

```
break;
```

说明：break 语句可以用来从循环体内跳出循环体，即终止循环，接着执行循环下面的语句，break 语句不能用于循环语句和 switch 语句之外的任何其他语句中。

【例 3-21】 已知一个整数 m，判断 m 是否为素数。

```
public class Chapter3_21 {
    /**
    求素数算法
     */
    public static void main(String[] args) {
        int m=17;
        int k,i;
          k=(int)Math.sqrt(m);
          for(i=2;i<k;i++)
          {
              if(m%i==0)
                 break;
          }
          if(i>=k)
              System.out.println(m+"是素数");
          else
              System.out.println(m+"不是素数");
    }
}
```

分析：当 m 为素数时，if(m%i==0)一次都不成立，break 语句不会被执行到，这时最后的 i 的值为 k，若 m 不为素数，m%i==0 将成立，break 语句会执行，i 的最终值肯定小于 k。对于求素数算法，break 语句是非常重要的。

2. continue 语句

语法格式：

```
continue;
```

说明：continue 语句的作用是结束本次循环，然后进行下一次循环的执行。与 break 语句不同的是，它结束的是本次循环，而不是整个循环，所以相对于 break 语句的终止循环，continue 语句应该是中断循环，仅仅暂时的中断，下一次循环还是要执行的。

【例 3-22】 输出 10 以内的偶数。

```
public class Chapter3_22 {
    /**
     continue 语句测试
     */
    public static void main(String[] args) {
        int i=0;
          while(i<=10)
          {
             i++;
             if(i%2!=0)
             {
                continue;
             }
             System.out.print (i+"\t");
          }
          }
}
```

运行结果为：

```
2   4   6   8   10
```

3.4 应 用 实 例

本节将综合本章所学知识点，完成两个有趣的程序。

【例 3-23】 编写程序，实现猜数字游戏。随机生成一个 0～99（包括 0 和 99）的数字，从键盘输入猜测的数字，输出提示太大或太小，继续猜测，直到猜到为止，游戏过程中，记录猜对所需的次数，游戏结束后公布结果。如果一次就猜对了，将显示“您太棒了”，如果 2～5 次猜对，将显示“您的表现不错”，如果大于或等于 6 次猜对，将显示“您需要努力”。

提示：产生 0～99 之间的随机数字：int number = (int)(Math.random()*100);

```
import java.util.Scanner;
public class Chapter3_23 {
    /**
    猜数字游戏
```

```
*/
public static void main(String[] args) {
    int guess=(int)(Math.random()*100);//产生一个 0～99 之间的数
    Scanner input=new Scanner(System.in);//输入数据
    System.out.println("请输入你所猜测的数据");
    int num=0;
    boolean fg=false;
    while (!fg) {//通过循环实现正确数字的输入
        try {
            num = input.nextInt();//输入一个整数
            fg=true;
        } catch (Exception e) {
            System.out.println("你输错了,请重新输入");
            input.next();
        }//设计一个循环结构需要: 1)循环条件;2)循环体
    }
    boolean flag=false;//旗帜变量, 实现没猜中后重新猜测
    int count=0;
    while (!flag) {
        if (num == guess) {
            flag=true;
            count++;//统计猜测次数
            System.out.println("恭喜你, 你猜中了");
        } else if (num > guess) {
            count++;//统计猜测次数
            System.out.println("你猜大了,请重新输入");
            boolean fg1=false;
            while (!fg1) {
                try {
                    num = input.nextInt();
                    fg1=true;
                } catch (Exception e) {
                    System.out.println("你输错了,请重新输入");
                    input.next();
                }//循环结构
            }
        } else if (num < guess) {
            count++;
            System.out.println("你猜小了,请重新输入");
            boolean fg2=false;
            while (!fg2) {
                try {
                    num = input.nextInt();
                    fg2=true;
                } catch (Exception e) {
                    System.out.println("你输错了,请重新输入");
                    input.next();
                }//设计一个循环结构需要循环条件、循环体
            }
        }
```

```
        }
    switch(count)//switch 结构两要素: 1)表达式; 2)case
    {
    case 1:System.out.println("你太棒了");break;
    case 2:
    case 3:
    case 4:
    case 5:System.out.println("不错, 再接再厉!");break;
    default:System.out.println("要努力啊!");
    }
    }
}
```

运行结果为：

```
请输入你所猜测的数据
12.5
你输错了，请重新输入
80
你猜大了，请重新输入
40
你猜大了，请重新输入
20
你猜大了，请重新输入
10
你猜小了，请重新输入
15
你猜小了，请重新输入
17
你猜小了，请重新输入
18
恭喜你，你猜中了
要努力啊!
```

程序分析：

本程序功能由 4 部分组成：随机数的产生、猜测数据的输入、判断大小、结果输出。

（1）随机数的产生

这个工作主要依赖 Math.random()函数，这个随机函数产生的是一个[0,1)范围内的随机浮点数，包含 0 不包含 1，要想产生一个[0, 99]之间的数，可以在这个随机函数的基础上进行算法处理，得到(int)(Math.random()*100)。

（2）猜测数据的输入

从键盘终端输入一个整型数，来判断所输入的数和这个随机数的大小。输入的必须是一个整数，如果输入的数据非法，需要重新输入。判断数据是否输入非法，需要借助异常捕获，而重新输入的工作则需要借助循环来实现。

（3）判断大小

判断所输入的数据和随机数的大小，并统计猜测的次数，猜大猜小都需要重新输入，这一部分需要借助双重循环结构来实现。外重循环来控制重新判断大小，内重循环来进行数据的重新输入。

（4）结果输出

根据猜测的次数，输出一个判断结果，这一部分用 switch 结构来实现。

这个程序包含了前面所学的 if 语句、switch 语句、单重循环语句、双重循环语句，以及输入/输出语句，是一个综合性比较强的程序。

【例 3-24】 幸运猜猜猜游戏。

幸运猜猜猜游戏规则如下：

（1）选择食品种类，每次只能选择一种；

（2）对你所选择的食品押注；

（3）不同食品的奖励不同；

（4）每个初始玩家赠送 10 个金币；

（5）运转后，若停止在您所选择的食品上，则获得奖励，否则损失您所押的金币。

奖励为所押金币乘以奖励系数，每种食品的奖励系数不同。猜中的食品和对应的奖励系数如下：

薯片——2

爆米花——5

巧克力——10

奶茶——20

可乐——50

啤酒——100

程序代码如下：

```
import java.util.Scanner;
public class Chapter3_24 {
    public static void main(String[] args) {
    int coins,i,j,bets,rand,rewards,unit; //定义所需变量,金币数,循环变量,下注数,
                                            随机数,奖励数,水果对应的数字.
        String choiceid,luckyid;        //输入的数字和自动产生的数字
        Scanner input=new Scanner(System.in);
        boolean flag=true;              //旗帜变量
        int in;                         //
        coins=10;                       //对金币进行初始化
        bets=0;                         //对下注进行初始化
        unit=1;                         //对 unit 进行初始化
        choiceid=null;                  //初始化
        luckyid=null;                   //初始化
        intro();                        //显示有关本游戏的信息
        while(flag==true)               //while 循环
        {
            System.out.println("您当前的金币总计:￥"+coins);//输出到显示器
            if(coins<=0)
            {
                System.out.println("你的金币已经用完, 游戏结束");
                flag=false;
                return;                 //退出游戏
            }
```

```
        System.out.println("欢迎进入游戏, 新的一轮游戏马上开始!");
        System.out.println("猜中的物品和对应的奖励如下:");
        System.out.println("薯片------2");
        System.out.println("爆米花------5");
        System.out.println("巧克力------10");
        System.out.println("奶茶------20");
        System.out.println("可乐------50");
        System.out.println("啤酒------100");
        System.out.println("游戏结束, 请按Q!"); //游戏的相关信息
       System.out.print("请输入您选中的食品:");
          // br=new BufferedReader(new InputStreamReader(System.in));
                                                  //输入语句
           choiceid=input.next();         //获取输入的内容,read()获得的是整数
           if(choiceid=="Q")
           {
               flag=false;
               return;
           }
           do{                                    //循环的嵌套
              System.out.print("请输入您要押的金币数(最多)");  //提示信息
              System.out.print(coins+"金币");        //提示信息
              //bw=new BufferedReader(new InputStreamReader(System.in));
                                                  //输入
              bets=input.nextInt();    //获得输入内容,readLine()获得的是字符串
              if(bets>coins){
                  System.out.println("你的金币不足!!");
                  flag=false;
              }
              else {
              flag=true;
              }
           }while(flag==false);//当条件不成立时, 跳出循环, 注意后面的分号
          System.out.println("幸运猜猜猜开始运转------Good Luck");
          rand=(int)(Math.random()*10);  //获得随机数, random()产生数据的范围
          switch(rand){
          case 1: System.out.println("----薯片----");
                                 luckyid="薯片";unit=2;break;
          case 2: System.out.println("----爆米花----");
                                 luckyid="爆米花";unit=5;break;
          case 3: System.out.println("----巧克力----");
                                 luckyid="巧克力";unit=10;break;
          case 4: System.out.println("----奶茶----");
                                 luckyid="奶茶";unit=20;break;
          case 5: System.out.println("----可乐----");
                                 luckyid="可乐";unit=50;break;
          case 6: System.out.println("----啤酒----");
                                 luckyid="啤酒";unit=100;break;
          default : System.out.println("----食品盘----");
                                 luckyid="食品盘";
```

```
            }//通过 switch 语句,确定 luckyid 的值, 注意后面的 break
        if(choiceid.equals(luckyid))    //
        {
            //unit=unitJudge(luckyid); //调用函数
            rewards=bets*unit;          //运算吧
            coins+=rewards;             //计算最终金币
            System.out.print("恭喜您");
            System.out.println(rewards+"金币!");
            }
        else{
            coins-=bets;//计算最终金币
            System.out.print("很遗憾, 您没有猜对, 您损失了");
            System.out.println(bets+"金币");
            }
        System.out.println("本轮游戏结束------------\n");
            }//while 结束
           }//函数结束

    public static void intro()//游戏信息
        {   System.out.println("**************************************");
            System.out.println("幸运猜猜猜游戏规则如下:");
            System.out.println("选择食品种类, 每次只能选择一种;");
            System.out.println("对你所选择的食品押注;");
            System.out.println("不同食品的奖励不同;");
            System.out.println("每个初始玩家赠送 10 个金币;");
            System.out.println("运转后, 若停止在您所选择的食品上, ");
            System.out.println("则获得奖励, 否则损失您所押的金币。");
            System.out.println("**************************************");
        }
}
```

运行结果为:

```
**********************************
幸运猜猜猜游戏规则如下:
选择食品种类, 每次只能选择一种;
对你所选择的食品押注;
不同食品的奖励不同;
每个初始玩家赠送 10 个金币;
运转后, 若停止在您所选择的食品上,
则获得奖励,否则损失您所押的金币.
**********************************
您当前的金币总数:¥10
欢迎进入游戏, 新的一轮游戏马上开始!
猜中的物品和对应的奖励如下:
薯片------2
爆米花-------5
巧克力------10
奶茶------20
可乐------50
啤酒------100
游戏结束, 请按 Q!
```

```
请输入您选中的食品: 薯片
请输入您要押的金币数(最多)10 金币 2
幸运猜猜猜开始运转------Good Luck
----巧克力----
很遗憾, 您没有猜对, 您损失了 2 金币
本轮游戏结束------------

您当前的金币总数: ￥8
欢迎进入游戏, 新的一轮游戏马上开始!
猜中的物品和对应的奖励如下:
薯片------2
爆米花------5
```

程序分析：

相对于猜数字游戏，幸运猜猜猜游戏更具有趣味性，代码比猜数字游戏要复杂一些，考虑的因素比较多。在幸运猜猜猜游戏中，代码主要有如下几部分组成。

（1）随机数的产生

这个工作主要借助 Math.random()函数，产生一个 10 以内的整数。

（2）为食品“打标签”

在该游戏中，一个非常重要的工作就是利用 switch 选择结构为每种食品“打标签”。如下代码所示。

```
switch(rand){
case 1: System.out.println("----薯片----"); luckyid="薯片";unit=2;break;
case 2: System.out.println("----爆米花----"); luckyid="爆米花";unit=5;break;
case 3: System.out.println("----巧克力----"); luckyid="巧克力";unit=10;break;
case 4: System.out.println("----奶茶----"); luckyid="奶茶";unit=20;break;
case 5: System.out.println("----可乐----"); luckyid="可乐";unit=50;break;
case 6: System.out.println("----啤酒----"); luckyid="啤酒";unit=100;break;
default : System.out.println("----食品盘---");luckyid="食品盘"; }
```

通过这个打标签操作，1 就代表薯片，2 就代表爆米花，3 就代表巧克力，以此类推，这样就可以通过随机产生数字从而随机产生食品。所以这一部分代码是本游戏程序的核心。

（3）进行判断

这里进行的判断并不是一个简单的判断大小，而是判断所输入的食品是否和随机产生的食品相同，这个判断需要借助 String 类的 equals 函数，该函数的作用是判断两个字符串是否相等，而对于字符串的输入，则借助 Scanner 类的 next 函数进行。

（4）计算奖罚金币

根据判断结果及每种食品的奖励系数，可以计算所输掉的金币或所赢得的金币。

本程序中也综合运用了本章所学的各种知识，如输入/输出语句的灵活运用、选择结构、循环结构等，是一个兼具综合性和趣味性的好程序。

习　　题

一、选择题

1．下列语句序列执行后，m 的值是（　　）。

```
int a=10, b=3, m=5;
if(a==b){
    m+=a;
} else{
    m=++a*m;
}
```

A. 15　　B. 50　　C. 55　　D. 5

2. 下列语句序列执行后，k 的值是（　　）。

```
int i=4;int j=5;int k=9;int m=5;
if(i>j||m<k){
    k++;
} else{
    k--;
}
```

A. 5　　B. 10　　C. 8　　D. 9

3. 下列语句序列执行后，k 的值是（　　）。

```
int i=10, j=18, k=30;
switch(j - i)
    {
    case  8 :  k++; 31
    case  9 :  k+=2;33
    case  10:  k+=3;36
    default :  k/=j;
    }
```

A. 31　　B. 32　　C. 2　　D. 33

4. 若 a 和 b 均是整型变量并已正确赋值，正确的 switch 语句是（　　）。

A. switch(a+b);　{…}　　B. switch(a+b*3.0)　{…}

C. switch a　{…}　　D. switch (a%b)　{…}

5. 设 int 型变量 a、b，float 型变量 x、y，char 型变量 ch 均已正确定义并赋值，正确的 switch 语句是（　　）。

A. switch(x + y)　{…}　　B. switch(ch + 1)　{…}

C. switch　ch　{…}　　D. switch(a + b);　{…}

6. 下列语句序列执行后，j 的值是（　　）。

```
int  j=1;
for(int i=5; i>0; i-=2)
{
    j*=i;
}
```

A. 15　　B. 1　　C. 60　　D. 0

7. 下列语句序列执行后，j 的值是（　　）。

```
int  j=2;
for(int i=7; i>0; i-=2){
```

```
    j*=2;
}
```

A. 15　　B. 1　　C. 60　　D. 32

8. 下列语句序列执行后，i的值是（　　）。

```
int s=1,i=1;
while(i<=4) {
    s*=i;
    i++;
}
```

A. 6　　B. 4　　C. 24　　D. 5

二、编程题

1. 给一个不多于3位的正整数，要求：①求出它是几位数；②分别打印出每一位数字；③按逆序打印出各位数字，例如，原数为321，应输出123。

2. 输入4个整数，要求按由小到大的顺序输出。

3. 企业发放的奖金来自利润提成。利润 i 低于或等于10万元的，可提成10%为奖金；$100000<i\leqslant 200000$ 时，低于10万元的部分按10%提成，高于10万元的部分可提成7.5%；$200000<i\leqslant 400000$ 时，低于20万的部分仍按上述办法提成（下同），高于20万元的部分按5%提成；$400000<i\leqslant 600000$ 时，高于40万元的部分按3%提成；$600000<i\leqslant 1000000$ 时，高于60万元的部分按1.5%提成；$i>1000000$ 时，超过100万元的部分按1%提成。从键盘输入当月利润 i，求应发奖金总数。

4. 设计一个程序，根据用户输入的年、月，打印出该年、该月的天数，需要考虑闰年。

5. 编写一个程序，当输入'S'或's'、'T'或't'、'C'或'c'时，分别转去执行计算正方形、三角形和圆的面积，分别用switch语句实现

6. 输出所有的水仙花数，所谓水仙花数，是指一个3位数，其各位数字立方和等于其本身，例如：$153 = 1\times1\times1 + 3\times3\times3 + 5\times5\times5$。

7. 输入一个数据 n，计算斐波那契数列（Fibonacci）的第 n 个值

1　1　2　3　5　8　13　21　34

规律：前两个数为1，从第三个数开始每个数等于前两个数之和。

8. 我国古代数学家张丘建在《张丘建算经》一书中提出了"百鸡问题"：鸡翁一，值钱五，鸡母一，值钱三，鸡雏三，值钱一。百钱买百鸡，问鸡翁、鸡母、鸡雏各几何?

9. 利用for循环打印9×9表。

```
1*1=1
1*2=2   2*2=4
1*3=3   2*3=6   3*3=9
1*4=4   2*4=8   3*4=12  4*4=16
1*5=5   2*5=10  3*5=15  4*5=20  5*5=25
1*6=6   2*6=12  3*6=18  4*6=24  5*6=30  6*6=36
1*7=7   2*7=14  3*7=21  4*7=28  5*7=35  6*7=42  7*7=49
1*8=8   2*8=16  3*8=24  4*8=32  5*8=40  6*8=48  7*8=56  8*8=64
1*9=9   2*9=18  3*9=27  4*9=36  5*9=45  6*9=54  7*9=63  8*9=72  9*9=81
```

第 4 章　数组和字符串

4.1　数　　组

4.1.1　数组概述

前面章节中所介绍及所用到的数据类型都是基本数据类型，本节所要介绍的数组属于引用数据类型，一种新的数据类型的引入往往能让问题的解决变得更加简单。在第 3 章的习题中，曾经编写过一个求斐波那契数列（Fibonacci）的题目，在第 3 章知识框架下要想解决这个问题，需要用到迭代算法，迭代的过程是非常复杂的，所以这个题目并不好做。但是如果使用数组这种数据类型来解决斐波那契数列，问题将变得迎刃而解，几乎无须考虑什么算法。

对于一个新的概念，我们一般可以采用 wwh 分析法，第一个 w 指的是 why，即为什么我们要学习这个新的概念，这个新的概念有什么作用。第二个 w 指的是 what，即这个新的概念是什么，如何定义。第三个字母 h 指的是 how，即如何来使用这个新的概念来解决实际问题。关于为什么学习数组，本节开篇已经介绍，至于如何使用数组，在下面的小节中也将介绍，在此要介绍的是数组的概念。

数组是一组数据类型相同的有限元素的有序集合。从这个定义描述中我们可以分析出数组具备三个特性：元素数据类型的相同性、元素个数的有限性、元素存放的有序性。数组的前两个特性比较容易理解，对于第三个特性，容易产生歧义，这里所说的有序性或者有序集合，指的并不是数据大小的有序，而是指数据在内存中存放的有序，也就是说，数组中的数据在内存中存放时是一个挨一个有序存放的。假如，一个数组中存放的是 10 个学生的成绩，87，65，78，91，67，66，80，50，70，82。这些数据在内存中存放的特点如图 4-1 所示。

87
65
78
91
67
66
80
50
70
82

图 4-1　数据在内存中的存放

正是由于数组的这些特性，Java 中的数组通常用一个统一的数组名和下标来唯一地确定数组中的元素。例如，前面提到的存放的 10 个学生的成绩的数组，就可以用 score 来表示数组的名字，用 score[i]来表示数组中的各个元素。

数组根据下标的维数可以分为一维数组和二维数组，下面将分别进行介绍。

4.1.2　一维数组

1．一维数组的声明

一维数组声明的语法格式：

```
类型说明符　数组名[]；
```

说明：

（1）类型说明符可以是基本数据类型，也可以是引用类型；

（2）数组名的命名要遵循标识符命名的一般规范；

（3）数组名后面的方括号中必须为空。

例如：int num[]; double score[];

一维数组的声明仅仅是声明了数组的类型及数组的名称，并没有确定数组的长度。如前所述，数组的长度也是数组的一个重要指标，所以数组声明之后还需要进行创建。

2．一维数组的创建和初始化

一维数组有两种创建方式：第一种方式为动态创建，第二种方式为静态创建。创建方式不同，则初始化的方式也不相同。

（1）动态创建

语法格式：

```
类型说明符  数组名[]=new 类型说明符[length];
```

也可以先声明再动态创建，语法格式为：

```
类型说明符  数组名[];
数组名=new 类型说明符[length];
```

例如：

```
int num[]=new int[10];
```

也可以：

```
int num[];
num=new int[10];
```

注意 length 的类型可以是 int、short、byte、char 类型中的一种，length 可以是变量，也可以是常量。如果 length 是变量，必须保证 length 中的值是确定的。

在动态创建方式下的初始化，需要逐个元素进行初始化。

a[0]=1;a[1]=2;a[2]=3;…, a[9]=10;

初始化的实现往往借助循环语句进行实现。

（2）静态创建

在声明的同时进行初始化的创建方式，称为静态创建方式。

例如：

```
int num[]={12,4,6,8,21,9};
```

静态创建的初始化是在声明的同时进行的。数组的长度是由初始化数据所决定的。如上例花括号中有 6 个数据，则数组的长度就是 6。另外，静态创建不允许先声明再初始化，如下面的格式就是错误的：

```
int num[]
num={12,4,6,8,21,9};
```

3．一维数组的引用

语法格式：

数组名 [下标]

说明：一维数组对应的数学模型是数列，如 $a_1, a_2, a_3, \cdots$，数组下标必须是 int、short、byte、char 类型中的一种，并且从 0 开始计数。所以数组的最大下标为数组的长度−1；一旦下标超过这个最大值，将会产生数组越界异常。

下标可以是整型常量或整型表达式。

例如：num[2]、num[2*2]都是合法的引用形式。

【例 4-1】 已知整型数组 num，数组元素为{12,4,6,8,21,9}，输出这些数组元素。

```
public class Chapter4_1 {
  /**
   一维数组引用
  */
    public static void main(String[] args) {
        int num[]={12,4,6,8,21,9};
        System.out.println("索引号\t 数组值");
        for(int i=0;i<num.length;i++)
            System.out.println(i+"\t"+num[i]);
    }
}
```

运行结果为：

```
索引号   数组值
0        12
1        4
2        6
3        8
4        21
5        9
```

分析：本例是数组引用的第一个例子，本例通过静态初始化来创建数组，通过循环结构来遍历整个数组，在数组的引用中，经常需要和循环结构结合起来使用。需要注意数组引用的格式是 num[下标]，下标从 0 开始，最大值为数组长度−1，Java 为数组提供了一个 length 属性，可以通过这个属性获得数组的长度，如果下标超过了数组的长度−1，则会抛出 java.lang.ArrayIndexOutOfBoundsException 异常。

【例 4-2】 输入一个数据 n，计算斐波那契数列（Fibonacci）的第 n 个值。

1　1　2　3　5　8　13　21　34

规律：$a_1=a_2=1$　　$a_n=a_{n-1}+a_{n-2}$

```
import java.util.Scanner;
public class Chapter4_2 {

    /**
     斐波那契数列求解
     */
    public static void main(String[] args) {
        Scanner input=new Scanner(System.in);
        int n;
```

```
            System.out.println("请输入一个数 n");
            n=input.nextInt();
            int fab[]=new int[n];        //n 必须是一个确定的值
            fab[0]=fab[1]=1;             //数列的前两项为 1
           for(int i=2;i<n;i++)
            fab[i]=fab[i-1]+fab[i-2];    //从第三个数开始，每个数等于前两个数之和
           for(int j=0;j<n;j++)
            {
            System.out.print(fab[j]+"\t");
            if((j+1)%10==0)              //控制每 10 个数换行
                System.out.println();
            }
        }
}
```

运行结果为：

```
请输入一个数 n
20
1     1     2     3     5     8     13     21     34     55
89    114   233   377   610   987   1597   2584   4181   6765
```

分析：

（1）“int fab[]=new int[n];”语句实现了数组的动态创建，其中 n 是一个整型变量，在创建之前，n 的值已经通过键盘输入了。

（2）“fab[i]=fab[i-1]+fab[i-2];”引入数组这种数据类型后，只需通过这条语句就可以实现斐波那契数列的求解。这比第 3 章采用迭代法要简单得多。

（3）为了输出数据的清晰，在这个程序中还运用了每 10 个数换行的输出技巧：“if((j+1) %10==0) System.out.println();”。

4. 一维数组的常见应用举例

一维数组的常见应用有很多，如数组的查找、排序、插入、删除，在此仅以数组的查找和排序为例来进行说明。

1）一维数组的查找

一维数组的查找通常有两种方法：一般查找法和折半查找法。

（1）一般查找法

一般查找法的基本思路就是从数组的第一个数开始往后进行查找，直到找到为止。对于 n 个数的数组，如果要查找的数据是数组的第 n 个数据，那么需要进行 n 次查找。这种查找算法的优点是算法简单，缺点是时间复杂度较高。

【例 4-3】 已知数组 num，从键盘中输入数据，判断该数据是否在数组中，输出相应的提示信息。

```
import java.util.Scanner;
public class Chapter4_3 {
    /**
     一般查找算法
     */
```

```
    public static void main(String[] args) {
        int num[]={5,9,3,21,34,15};
        Scanner input=new Scanner(System.in);
        System.out.println("请输入要查找的数据:");
        int find=input.nextInt();
        int i;
        for(i=0;i<num.length;i++)
        {
            if(find==num[i])
                break;
        }
        if(i>=num.length)
        {
            System.out.println("该数据没有找到");
        }
        else
        {
            System.out.println("该数据找到了");
        }
    }
}
```

分析：一般查找算法的算法思路是比较简单的，但也有一些细节的问题需要注意，在判断是否找到时，采用“if(find==num[i]) break;”而不是直接的“如果(find==num[i])条件成立就输出找到信息”，否则就输出没有找到的信息。

（2）折半查找法

【例 4-4】 已知一组升序排列的整数，输入一个整数 n，判断 n 是否是该组数据中的数据。

算法的基本思路：

① 用数组 a 来存储这组数。

② high、low 分别存储数组下标的最大、最小值，mid 存放中间元素的下标。

mid=(high+low)/2

③ 如果 n>a[mid]，则只需在右半部进行查找即可；修改 low 的值，继续进行判断。反之，如果 n<a[mid]，则只需在左半部进行查找即可；修改 high 的值，继续进行判断。

```
import java.util.Scanner;
public class Chapter4_4 {
    /**
     折半查找算法
     */
    public static void main(String[] args)
    {
    int a[]={1,2,3,4,5,6,7,8,9,10},high,low,mid,n;
    Scanner input=new Scanner(System.in);
    System.out.println("请输入要查找的数据:");
    n=input.nextInt();
    low=0;
    high=9;
    while(low<high)
```

```
        {
        mid=(low+high)/2;
        if(n==a[mid])
        {
            System.out.println("找到了");
            break;
            }
        else if(n>a[mid])
            low=mid;
        else if(n<a[mid])
            high=mid;
        }
        }
        }
```

分析：折半查找法，顾名思义，就是每次都将要查找的数列折成两半，在其中的一半中进行查找，这种查找算法的效率比一般查找算法的要高。但这种查找算法的前提是待查找的数列必须有序。

2）一维数组的排序

一维数组的排序算法很多，本节仅用冒泡排序和选择排序算法进行说明。

（1）冒泡排序算法

算法基本思路：相邻两数比较，若前面数大，则两数交换位置，直至最后一个元素被处理，最大的元素就沉到了下面，从而完成排序。

【例 4-5】 对于数列 9、8、5、4、2、0 进行冒泡排序。

第一趟比较过程及结果如图 4-2 所示。

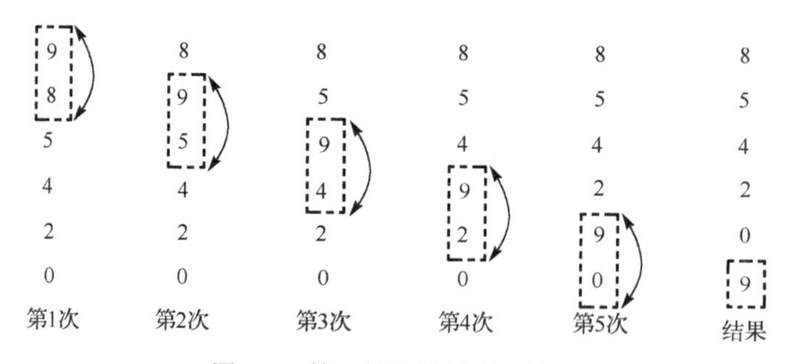

图 4-2 第一趟比较过程及结果

经过第一趟（共 5 次比较与交换）后，最大的数 9 已“沉底”。然后对余下的前面 5 个数进行第二趟比较，如图 4-3 所示。

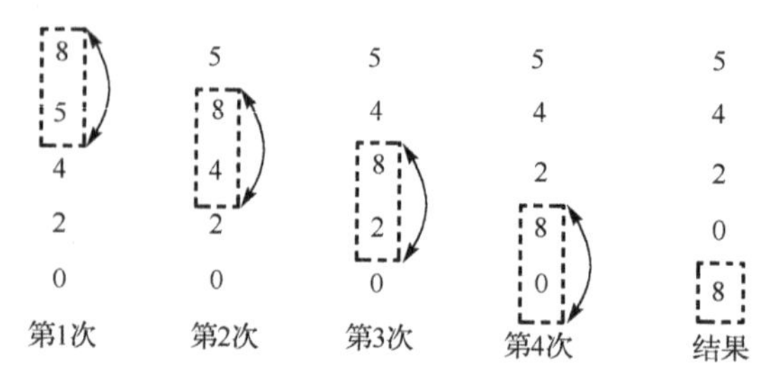

图 4-3 第二趟比较过程及结果

经过第二趟（共 4 次比较与交换）后，次大的数 8 已“沉底”。以此类推，对剩下的数列进行同样的操作，如果有 n 个数，则要进行 n–1 趟比较。在第一趟比较中要进行 n–1 次两两比较，在第 j 趟比较中要进行 n–j 次两两比较。

```
public class Chapter4_5 {
    /**
     冒泡排序
     */
    public static void main(String[] args) {
        int i,j,t,k;
        int b[]={9,8,5,4,2,0};
        k=b.length;
        for(j=0;j<k-1;j++)
         { for(i=0;i<k-j-1;i++)
            if(b[i]>b[i+1])
              {
                t=b[i];
                b[i]=b[i+1];
                b[i+1]=t;
                }//将相邻两个数进行交换
        }
        for(i=0;i<k;i++)
            System.out.print(b[i]+"\t");
        }
}
```

运行结果为：

```
0   2   4   5   8   9
```

分析：实现冒泡排序的算法需要借助双重循环，用外重循环控制 n 个数一共需要比较的趟数，n 个数需要进行 n–1 趟比较，则外重循环的循环次数为 n–1 次，用内重循环来控制每一趟循环的具体实现，因为在第一趟比较中要进行 n–1 次两两比较，在第 j 趟比较中要进行 n–j 次两两比较，很明显内重循环的循环次数是和外重循环密切相关的，设定外重循环变量为 i，则内重循环的循环次数应该为 n–i，而冒泡排序的循环体就是算法中所描述的相邻两数比较，若前面数大，则交换两数，具体实现代码就是交换两个数的经典算法。明确了循环次数和循环体，一个循环结构实现的冒泡排序程序就很容易编写出来了。

（2）选择排序

算法基本思路：从{k1,k2,⋯,kn}中选择最小值 kx 与 k1 对换，然后从{k2,⋯,kn}选择最小值 kx 与 k2 对换，一直往后推，直到剩下最后一个数，最后得到的数列即有序数列。

【例 4-6】 对数列 3、2、5、6、4 进行排序。

首先从数列中查找出最小的数 2，和数列的第一个数据 3 进行交换。

这样最小的数就已经放在了数列的第一个位置了。

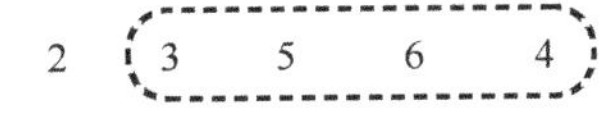

对剩下的数列 3、5、6、4 执行同样的操作，经过几趟比较和交换，就可以得到有序的数列。对于 n 个数，需要进行 n–1 趟这样的操作，每一趟都需要首先找到数列中的最小的数，然后和该数列的第一个数据进行交换。

```
public class Chapter4_6 {

    /**
     选择排序
     */
    public static void main(String[] args) {
        int i,n,j,z,t;
        int a[]={3,2,5,6,4};//数组创建及初始化
        n=a.length;
        for(i=0;i<n-1;i++)
        {
        z=i;
        for(j=i+1;j<n;j++)
          if(a[j]<a[z]) z=j;
          if(z!=i)
          {t=a[i];
          a[i]=a[z];
          a[z]=t;}
        }
        for(i=0;i<n;i++)
            System.out.print(a[i]+"\t");
    }
}
```

运行结果为：

```
2    3    4    5    6
```

分析：选择排序的实现同样需要借助双重循环，根据双重循环设计的一般规律：外重循环进行宏观控制，内重循环进行细节把握，对于选择排序，外重循环主要来控制 n 个数需要进行多少趟比较，根据选择排序的算法思想，n 个数需要进行 n–1 趟比较，所以外重循环的次数为 n–1 次，内重循环实现的是每一趟比较的细节，选择排序的每一趟比较都要进行两个工作，一个是找到每一趟数列中的最小的数，另一个是将这个最小的数和每一趟数列的第一个数进行交换，如果外重循环的循环变量为 i，则内重循环的循环总是从 i+1 开始的，这样内重循环的循环次数也就确定了，确定了这些关键要素，就很容易编出选择排序的程序了。

4.1.3 二维数组

1. 二维数组的声明

语法格式：

```
格式 1：类型说明符  数组名[][];
格式 2：类型说明符  []数组名[];
格式 3：类型说明符[][]  数组名;
```

说明：

（1）类型说明符可以是基本数据类型，也可以是引用类型；

（2）数组名的命名要遵循标识符命名的一般规范；

（3）数组名后面的方括号的位置比较灵活，也可以放在数组名的前面。

例如：

```
int num[][];
int[]a[];
int[][] b;
```

2．二维数组的创建及初始化

和一维数组一样，二维数组的创建也可以分为动态创建和静态创建两种方式。

（1）动态创建

语法格式：

```
类型说明符　数组名[][]=new 类型说明符[length1] [length2];
```

也可以先声明再创建

```
类型说明符　数组名[][];
数组名= new 类型说明符[length1] [length2];
```

例如：

```
int num[][]=new int[3][4];
```

说明：

① length1 和 length2 必须是 int、short、byte、char 类型中的一种，不能是其他类型。

② length1 的值必须是确定的，length2 可以不写。也就是说，Java 中的二维数组允许数组第二维的长度不等。

③ 二维数组可以视为特殊的一维数组，例如上面的二维数组 num 可以视为由 num[0]、num[1]、num[2]三个元素组成的一维数组，而 num[0]、num[1]、num[2]本身又是一维数组。

如果二维数组每一维的长度不同，可以分别确定每一维的长度。

例如：

```
int score[][]=new int[2][];
score[0]=new int[3];
score[1]=new int[5];
```

动态创建情况下的初始化，需要逐个元素进行初始化。

（2）静态创建

和一维数组一样，在声明的同时进行初始化的创建方式称为静态创建方式。

例如：

```
int num[][]={{1,2,3},{4,5,6},{7,8,9}};
```

静态创建情况下，数组各维的长度是由初始化数据所决定的，如上面的 num 数组第一维的长度是 3，第二维的长度是 3，初始化时，每行的数据分别用花括号括起来。

Java 语言不要求二维数组每一行的数据个数相同，如以下的创建。

```
int score[][]={{65,45,91},{90}};
```

根据初始化的数据，score 数组的第一维的长度是 2，第二维的长度是分别是 3 和 1。

Java 为数组提供了一个 length 属性，表示的是数组的长度。

score.length 表示的是 score 数组第一维的长度。

score[0].length 表示的是 score 数组第一行的长度。

3. 二维数组的引用

如果说一维数组对应的数学模型是数列，那么二维数组对应的数学模型就是行列式了。行标和列标就可以唯一地确定一个二维数组的元素。

二维数组的应用格式为：

```
数组名[行标][列标]
```

说明：行标和列标必须是 int、short、byte、char 类型中的一种，并且从 0 开始计数。所以最大下标为每维长度-1；一旦下标超过这个最大值，将会产生数组越界异常。下标也可以是整型常量或整型表达式。

【例 4-7】 已知二维数组“int score[][]={{65,45,91},{90,65}};”，请按行列的格式进行输出。

```
public class Chapter4_7 {
    /**
    二维数组的引用
     */
    public static void main(String[] args) {
        int score[][]={{65,45,91},{90,65}};
        int i;//行标
        int j;//列标
        for(i=0;i<score.length;i++)
        {
            for(j=0;j<score[i].length;j++)
            {
                System.out.print(score[i][j]+"\t");
                }
            System.out.println();
        }
    }
}
```

运行结果为：

```
65      45      91
90      65
```

分析：通过 score[i].length 动态地获得每一行的元素个数，通过行标 i 和列标 j 确定数组元素。通过循环控制每输出一行进行换行，得到行列格式的输出形式。

4. 二维数组常见应用举例

（1）矩阵转置问题

【例 4-8】 将一个二维数组的行和列元素互换，存到另一个二维数组中。

```
public class Chapter4_8 {
    /**
     二维数组转置算法
     */
    public static void main(String[] args) {
        int a[][]={{1,2,3},{4,5,6}};//待转置数组
        int b[][]=new int[3][2];
        int i,j;//行列下标
        for(i=0;i<2;i++)
            for(j=0;j<3;j++)
            {
                b[j][i]=a[i][j];
            }
        for(i=0;i<3;i++)
        {
            for(j=0;j<2;j++)
                System.out.print(b[i][j]+"\t");
            System.out.println();
        }
    }
}
```

运行结果为：

```
1   4
2   5
3   6
```

说明：转置算法的前提是待转置矩阵的行列数必须确定，我们把行列数确定的二维数组称为标准二维数组，以上的转置算法对标准二维数组是通用的，如果标准二维数组的行列数相同，还有其他的实现转置的算法，在此不再详细描述。

（2）求数组的最值问题

求数组的最值问题是数组求解中比较常见的一类问题，二维数组的最值问题的基本解决思路是逐个扫描数组中的各个元素，二维数组元素扫描的顺序是：逐行进行扫描。二维数组虽然在数学模型上是可以和行列式对照理解的，但在内存中存放却还是逐个有序存放的。也就是说，二维数组和一维数组虽然在数学模型上不同，但在内存中存放的特点是相同的。

【例 4-9】 有一个 3×4 的矩阵，要求编写程序求出其中值最大的那个元素的值，以及其所在的行号和列号。

```
public class Chapter4_9 {
    /**
    二维数组的最值问题
     */
    public static void main(String[] args) {
     int i=0,j=0,row=0,colum=0,max;
        int a[][]={{1,2,3,4},{9,8,7,6},{-10,10,-5,2}};
        max=a[0][0];
        for (i=0;i<=2;i++)
                for (j=0;j<=3;j++)
```

```
                    if (a[i][j]>max)
                     {   max=a[i][j];
                         row=i;
                         colum=j;
                      }
            System.out.println("max="+max);
            System.out.println("下标为:"+ row +","+ colum);
        }
    }
```

运行结果为：

```
max=10
下标为:2,1
```

分析：首先 max=a[0][0]，然后逐个扫描数组，如果 a[i][j]>max，则将大的数存储在 max 中，依次往下，最后得到的数据 max 就是最大的数据。

4.2 字 符 串

4.2.1 String 类

String 类也是一种引用类型，在某些语言课程中，String 类型被当成一种特殊的数组类型，而在 Java 语言中，String 类是一种类类型，关于类，将在下面的章节中进行介绍。在本章中，读者可以把 String 类型当成一种特殊的数据类型进行理解。

1. String 对象的初始化

String 类的构造函数如表 4-1 所示。

表 4-1 String 类的构造函数

构 造 函 数	作 用 描 述
String(byte [ ] bytes)	通过 byte 数组构造字符串对象
String(char[ ] value)	通过 char 数组构造字符串对象
String(String str)	通过字符串常量构造字符串对象
String(StringBuffer buffer)	通过 StringBuffer 数组构造字符串对象

字符串创建格式 1：

```
String str1=new String("hello world");
```

字符串创建格式 2：

```
char ch[]={'h','e','l','l','o'};
String str2=new String(ch);
```

字符串创建格式 3：

由于 String 对象特别常用，所以在对 String 对象进行初始化时，Java 提供了一种简化的特殊语法，格式如下：

```
String str3 = "abc";
```

对于字符串的创建，下面进行深入分析。比较以下两组语句：

```
String str4=new String("nihao");  String str5=new String("nihao");
```

字符串 str4 和 str5 的值是相等的，但这两个字符串所占的内存单元并不相同，所以并不能完全画等号。

2. String 类的常用方法

（1）char charAt (int index)：取字符串中的某一个字符，其中的参数 index 指的是字符串中序数。字符串的序数从 0 开始到 length()–1。

例如：

```
String s = new String("abcdefghijklmnopqrstuvwxyz");
System.out.println("s.charAt(5): " + s.charAt(5));
```

运行结果为：

```
s.charAt(5): f
```

（2）int compareTo(String anotherString)：当前 String 对象与 anotherString 比较。相等时返回 0；不相等时，从两个字符串第 0 个字符开始比较，返回第一个不相等的字符差，另一种情况，较长字符串的前面部分恰巧是较短的字符串，则返回它们的长度差。即：如果当前字符串与 s 相同，该方法返回值 0；如果当前字符串对象大于 s，该方法返回正值；如果小于 s，该方法返回负值。

例如：

```
String s="abc";
System.out.print(s.compareTo("boy"));
System.out.print(s.compareTo("aba"));
System.out.println(s.compareTo("abcde"));
```

运行结果为：

```
-1  2  -2
```

（3）int compareTo(Object o)：如果 o 是 String 对象，则和（2）的功能一样；否则抛出 ClassCastException 异常。

例如：

```
String s1 = new String("abcdefghijklmn");
String s2 = new String("abcdefghij");
String s3 = new String("abcdefghijalmn");
System.out.println("s1.compareTo(s2): " + s1.compareTo(s2)); //返回长度差
System.out.println("s1.compareTo(s3): " + s1.compareTo(s3)); //返回'k'-'a'的差
```

运行结果为：

```
s1.compareTo(s2): 4
s1.compareTo(s3): 10
```

（4）String concat(String str)：将该 String 对象与 str 连接在一起。

例如：

```
    String cc="134"+ h1.concat("def");
```

```
    System.out.println(cc);
```

运行结果为：

```
134abcdef
```

（5）public boolean startsWith(String prefix)

public boolean endsWith (String suffix)

判断当前字符串对象的前缀/后缀是否为参数指定的字符串 s。

例如：

```
String s1 = new String("abcdefghij");
String s2 = new String("ghij");
System.out.println("s1.endsWith(s2): " + s1.endsWith(s2));
```

运行结果为：

```
s1.endsWith(s2): true
```

（6）boolean equals(Object anObject)：比较当前字符串对象的内容是否与参数指定的字符串 s 的内容是否相同。

（7）int indexOf(int ch)：只找第一个匹配字符位置。

int indexOf(int ch, int fromIndex)：从 fromIndex 开始找第一个匹配字符位置。

int indexOf(String str)：只找第一个匹配字符串位置。

int indexOf(String str, int fromIndex)：从 fromIndex 开始找第一个匹配字符串位置。

例如：

```
String s = new String("write once, run anywhere!");
String ss = new String("run");
System.out.println("s.indexOf('r'): " + s.indexOf('r'));
System.out.println("s.indexOf('r',2): " + s.indexOf('r',2));
System.out.println("s.indexOf(ss): " + s.indexOf(ss));
```

运行结果为：

```
s.indexOf('r'): 1
s.indexOf('r',2): 12
s.indexOf(ss): 12
String tom="I am a good cat."
tom.indexOf("a")          2
tom.indexOf("good",2)     7
tom.indexOf("a",7)        13
tom.indexOf("w",2)        -1
tom.lastIndexOf("a");         13
```

（8）int length()：返回当前字符串的长度。

（9）String replace(char oldChar, char newChar)：将字符串中第一个 oldChar 替换成 newChar。

```
public String replaceAll(String old,String new)
```

调用该方法可以获得一个串对象，这个串对象是通过用参数 new 指定的字符串替换 s 中由 old 指定的所有字符串而得到的字符串。

```
"shout:miao miao".replaceAll("miao","wang"));
```

（10）boolean startsWith(String prefix)：该 String 对象是否以 prefix 开始。boolean startsWith(String prefix, int toffset)：该 String 对象从 toffset 位置算起，是否以 prefix 开始。

例如：

```
String s = new String("write once, run anywhere!");
String ss = new String("write");
String sss = new String("once");
System.out.println("s.startsWith(ss): " + s.startsWith(ss));
System.out.println("s.startsWith(sss,6): " + s.startsWith(sss,6));
```

运行结果为：

```
s.startsWith(ss): true
s.startsWith(sss,6): true
```

（11）String substring(int beginIndex)：取从 beginIndex 位置开始到结束的子字符串。

String substring(int beginIndex, int endIndex)：取从 beginIndex 位置到 endIndex 位置的子字符串。

例如：

```
"hamburger".substring(4, 8) returns "urge"
"smiles".substring(1, 5) returns "mile"
```

（12）char[] toCharArray()：将该 String 对象转换成 char 数组。

关于 String 类的使用就介绍这么多，其他方法及这里提到的方法的详细声明可以参看对应的 API 文档。

3. String 类应用举例

【例 4-10】 测试常用的字符串函数。

```
public class Chapter4_10 {
    /**
     测试字符串函数
     */
    public static void main(String[] args) {
          String s1 = "Hello World";
          String s2 = "hello world";
          System.out.print(s1.charAt(1)+"\t");
          System.out.print(s2.length()+"\t");
          System.out.print(s1.indexOf("World")+"\t");
          System.out.print(s2.indexOf("World")+"\t");
          System.out.print(s1.equals (s2)+"\t");
          System.out.print(s1.equalsIgnoreCase (s2)+"\t");
          String s = "你好中国";
          String sr = s.replace('我','你');
          System.out.println(sr);
    }
}
```

运行结果为：

```
e   11   6   -1        false   true     你好中国
```

上面这个例子仅测试了一部分常用函数，其他函数的测试读者可自行完成。

【例 4-11】 有一个字符串，其中包含中文字符、英文字符和数字字符，请统计并打印出各类字符的个数。

```
public class Chapter4_11 {
    /**
    统计字符串中各类字符的个数
     */
    public static void main(String[] args) {
          String str = "adasfAAADFD你好中国123";
            int a = 0;
            int b = 0;
            int d = 0;
            for (int i = 0; i < str.length(); i++) {
                char c = str.charAt(i);
                if (c >= '0' && c <= '9') {
                    b++;
                }else if((c >= 'a' && c<='z') || (c >= 'A' && c<='Z')){
                    d++;
                }else{
                    a++;
                }
            }
            System.out.println(a);
            System.out.println(b);
            System.out.println(d);
    }
}
```

运行结果为：

```
4
3
11
```

分析：统计各类字符的个数是字符串应用中比较经典的一个问题，主要用到 charAt 函数和 ASCII 代码的知识进行处理。charAt 函数的作用是提取出字符串的各个字符，而每个字符都有一个对应的整数和它对应，这个整数就是 ASCII 代码，例如，'a'～'z'表示的是 97～122 之间的整数。

4.2.2　StringBuffer 类

StringBuffer 类和 String 一样，也用来代表字符串，在 StringBuffer 类中存在很多和 String 类一样的方法，这些方法在功能上和 String 类的功能是完全一样的。但是有一个最显著的区别在于，对于 StringBuffer 对象的每次修改都会改变对象自身，这点是和 String 类最大的区别，所以通常称 String 类为字符串常量，StringBuffer 类为字符串变量。并且由于 StringBuffer 的内部实现方式和 String 不同，所以 StringBuffer 在进行字符串处理时不生成新的对象，在内存使用上要优于 String 类。所以在实际使用时，如果经常需要对一个字符串进行修改，如插入、删除等操作，使用 StringBuffer 更适合一些。

1．StringBuffer 对象的初始化

StringBuffer 对象的初始化不像 String 类的初始化一样，Java 提供的有特殊的语法，而通常情况下一般使用构造方法进行初始化，如表 4-2 所示。

表 4-2　使用构造方法进行初始化

构 造 方 法	作 用 描 述
StringBuffer( )	构造一个没有任何字符的 StringBuffer 类
StringBuffer(int length)	构造一个没有任何字符的 StringBuffer 类，并且其长度为 length
StringBuffer(String str)	以 str 为初始值构造一个 StringBuffer 类

例如：

```
StringBuffer s = new StringBuffer();
```

这样初始化后的 StringBuffer 对象是一个空的对象。如果需要创建带有内容的 StringBuffer 对象，则可以使用：

```
StringBuffer s = new StringBuffer("abc");
```

这样初始化后的 StringBuffer 对象的内容就是字符串“abc”。需要注意的是，StringBuffer 和 String 属于不同的类型，也不能直接进行强制类型转换，下面的代码都是错误的：

```
StringBuffer s = "abc";                          //赋值类型不匹配
StringBuffer s = (StringBuffer)"abc";            //不存在继承关系，无法进行强制转换
```

StringBuffer 对象和 String 对象之间的互转的代码如下：

```
String s = "abc";
StringBuffer sb1 = new StringBuffer("123");
StringBuffer sb2 = new StringBuffer(s);      //String 转换为 StringBuffer
String s1 = sb1.toString();                  //StringBuffer 转换为 String
```

2．StringBuffer 对象的常用函数

StringBuffer 类中的方法主要偏重于对于字符串的变化，如追加、插入和删除等，这个也是 StringBuffer 和 String 类的主要区别。

（1）append 方法

```
public StringBuffer append(boolean b)
```

该方法的作用是追加内容到当前 StringBuffer 对象的末尾，类似于字符串的连接。调用该方法后，StringBuffer 对象的内容也发生改变。

例如：

```
StringBuffer sb = new StringBuffer("abc");
sb.append(true);
```

则对象 sb 的值将变成“abctrue”。

使用该方法进行字符串的连接，将比 String 更节约内容，如应用于数据库 SQL 语句的连接。

例如：

```
StringBuffer sb = new StringBuffer();
```

```
String user = "test";
String pwd = "123";
sb.append("select * from userInfo where username=")
.append(user)
.append("and pwd=")
.append(pwd);
```

这样对象 sb 的值就是字符串“select * from userInfo where username=test and pwd=123”。

（2）insert 方法

```
public StringBuffer insert(int offset, boolean b)
```

该方法的作用是在 StringBuffer 对象中插入内容，然后形成新的字符串。

例如：

```
StringBuffer sb = new StringBuffer("TestString");
sb.insert(4,false);
```

该示例代码的作用是在对象 sb 的索引值 4 的位置插入 false 值，形成新的字符串，则执行后对象 sb 的值是“TestfalseString”。

（3）reverse 方法

```
public StringBuffer reverse()
```

该方法的作用是将 StringBuffer 对象中的内容反转，然后形成新的字符串。

例如：

```
StringBuffer sb = new StringBuffer("abc");
sb.reverse();
```

经过反转以后，对象 sb 中的内容将变为“cba”。

（4）setCharAt 方法

```
public void setCharAt(int index, char ch)
```

该方法的作用是修改对象中索引值为 index 位置的字符为新的字符 ch。

例如：

```
StringBuffer sb = new StringBuffer("abc");
sb.setCharAt(1,'D');
```

则对象 sb 的值将变成“aDc”。

（5）trimToSize 方法

```
public void trimToSize()
```

该方法的作用是将 StringBuffer 对象中的存储空间缩小到和字符串长度一样的长度，减少空间的浪费。

总之，在实际使用时，String 和 StringBuffer 各有优势和不足，可以根据具体的使用环境，选择对应的类型进行使用。

3. StringBuffer 类应用举例

【例 4-12】 使用 StringBuffer 类的 append 方法。

```
public class Chapter4_12 {
    /**
     StringBuffer 类测试
     */
    public static void main(String[] args) {
        String str1 = new String("welcome");
        String str2="to";
        String str3="beijing";
        StringBuffer sb = new StringBuffer();
        sb.append(str1).append(str2).append(str3);
        System.out.println(sb);
        }
}
```

运行结果为：

```
welcometobeijing
```

4.3 应用实例

在本节，我们将综合运用本章所学知识实现图书管理系统的编写。该图书管理系统是面向书店开发的一套管理系统，是一个在控制台下运行的程序，模拟书店的管理业务，本图书管理系统的主要功能有：新增图书、查看图书、删除图书、借出图书、归还图书，以及查看图书排行榜、退出程序等功能。运行界面如图 4-4 所示。

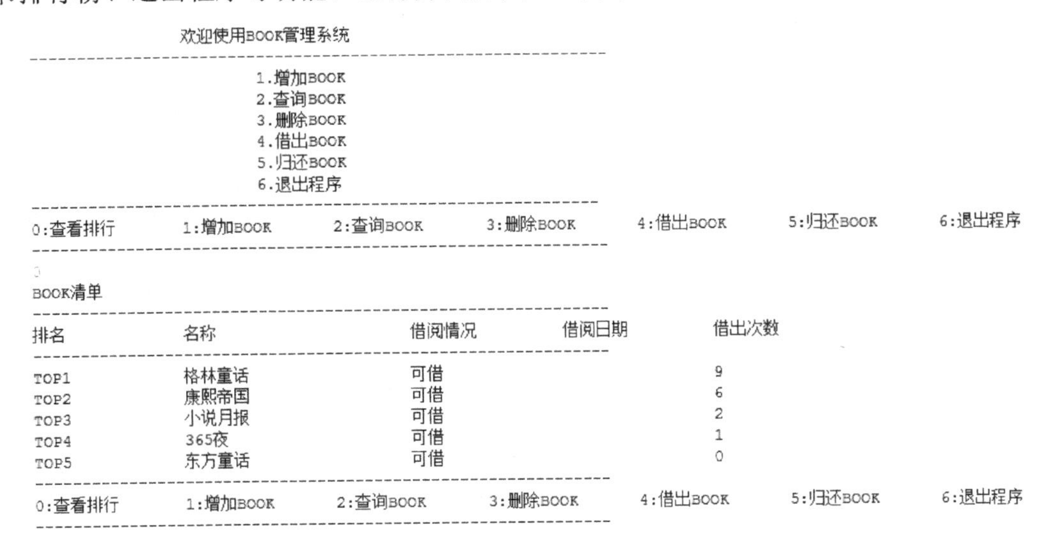

图 4-4　运行界面

如何保存 BOOK 信息是本程序首当其冲要解决的问题，以目前的知识储备，可以使用数组来存储图书信息。所以数组是本程序的一个重要组成部分，另外，在实现查询、借阅、归还时，还要用到大量的字符串处理的知识，所以只有熟练掌握本章内容，才能很好地解决这个程序。

本程序由三个类组成。

第一个类：BookFactory.java 代码如下。

```
import java.util.Date;
public class BookFactory{
    String name[]=new String[100];
    boolean state[]=new boolean[100];
    Date lenddate[]=new Date[100];
    int count[]=new int[100];
    public void add(String name,int i) {
        this.name[i] = name;
        this.state[i]= false;
        this.lenddate[i] = null;
        this.count [i]= 0;
    }
}
```

分析：BookFactory 类的作用是构建存储图书的数学模型，每本图书都有名称、借阅状态、借阅日期及借阅次数等属性，所以在该类中将这些属性作为类的成员变量进行定义，假定该书店有 100 本图书，每个属性都定义成数组的形式，数组的长度为 100。数组这个数据类型是有一定局限性的，因为它的长度必须是固定的，这个局限性等将来学过集合后可以得到解决。根据数组的下标来确定某本图书，例如，下标为 0 时，name[0]表示第一本图书的名称，state[0]表示第一本图书的状态，lenddate[0]表示第一本图书的借阅日期，count[0]表示第一本图书的借阅次数，以此类推。

另外在这个图书管理系统中，需要设定一个理想状态，也就是每本图书只有一本，一经借出，就不能再借了，所以这个系统是一个为熟练知识点而设计的一个学习系统，并不是一个真实的项目。

第二个类：BookManager.java 代码如下。

```
import java.text.SimpleDateFormat;
import java.util.Date;
import java.util.Scanner;
public class BookManager {
Scanner input=new Scanner(System.in);
BookFactory book=new BookFactory();
boolean flag=true;
public void init()
{
book.name[0]="小说月报";
book.state[0]=false;
book.lenddate[0]=null;
book.count[0]=2;
book.name[1]="康熙帝国";
book.state[1]=false;
book.lenddate[1]=null;
book.count[1]=6;
```

```
    book.name[2]="365 夜";
    book.state[2]=false;
    book.lenddate[2]=null;
    book.count[2]=1;
    book.name[3]="格林童话";
    book.state[3]=false;
    book.lenddate[3]=null;
    book.count[3]=9;
    book.name[4]="东方童话";
    book.state[4]=false;
    book.lenddate[4]=null;
    book.count[4]=0;
    }
    public void showmenu()
    {
    System.out.println("\t\t 欢迎使用 BOOK 管理系统\n"
            +"------------------------------------------------------------\n" +
            "\t\t\t1.增加 BOOK\n" +
            "\t\t\t2.查询 BOOK\n" +
            "\t\t\t3.删除 BOOK\n" +
            "\t\t\t4.借出 BOOK\n" +
            "\t\t\t5.归还 BOOK\n" +
            "\t\t\t6.退出\n" +
            "------------------------------------------------------------");
    do{
    System.out.println("0:查看排行\t1:增加 BOOK\t2:查询 BOOK\t3:删除 BOOK\t4:借出
BOOK\t5:归还 BOOK\t6:退出程序");
    System.out.println("------------------------------------------------------");
    int num=input.nextInt();
    switch(num)
    {
    case 0:orderByCount();break;
    case 1:addBOOK();break;
    case 2:showBOOK();break;
    case 3:deleteBOOK();break;
    case 4:lendBOOK();break;
    case 5:returnBOOK();break;
    case 6:exitBOOK();break;
    default:
        System.out.println("请输入 0～6 之间的数字");
    }
    }while(flag);
    }
    public void showBOOK()
    {
        SimpleDateFormat df=new SimpleDateFormat("yyyy-MM-dd hh:mm:ss");
```

```
        int num;
        String str,date;
        System.out.println("BOOK 清单\n" +
            "-----------------------------------------------------------\n" +
            "编号\t\t 名称\t\t\t 借阅情况\t\t 借阅日期\n" +
            "-----------------------------------------------------------");
        for(int i=0;i<book.name.length;i++)
        {
            if(null==book.name[i])
                break;
            if(book.state[i])
                str="已借";
            else
                str="可借";
            if(null==book.lenddate[i])
                date="";
            else
                date=df.format(book.lenddate[i]);
                num=i+1;    System.out.println(num+"\t\t"+book.name[i]+"\t\t\t"
                            +str+"\t\t"+date);
        }
        System.out.println("------------------------------------------------");
    }
    public void lendBOOK()
    {
    boolean flag=true;      //判断 BOOK 是否存在
    Date date=new Date();
    System.out.println("请输入要借出的 BOOK 名称:");
    String str=input.next();
    for(int i=0;i<book.name.length;i++)
    {
        if(null==book.name[i])
            break;
        if(book.name[i].equals(str))
            {
            book.state[i]=true;
            book.lenddate[i]=(Date) date;
            System.out.println("借阅成功!");
            flag=false;//BOOK 存在
            book.count[i]=book.count[i]+1;
            }
    }
    if(flag)//BOOK 不存在
        System.out.println("查无此书，请确认名称!");
        System.out.println("------------------------------------------------");
    }
```

```
public void returnBOOK()
{
    int days;
    Date date=new Date();
    System.out.println("请输入要归还的 BOOK 名称:");
    String str=input.next();
    for(int i=0;i<book.name.length;i++)
        {
        if(null==book.name[i])
            break;
        if(book.name[i].equals(str))
        {
            if(null==book.lenddate[i])
            {
                System.out.println("您并没有借出此 BOOK!");
               break;
            }
            else
            {
            book.state[i]=false;
            days=getIntervalDays(book.lenddate[i], date);
            book.lenddate[i]=null;
            System.out.println("您借出了"+days+"天, 应付费"+days+"元");
            }
        }
        }
    System.out.println("--------------------------------------------------");
}
public void addBOOK()
{
    System.out.println("请输入要添加的 BOOK 名称");
    String str=input.next();
    if(book.name[99]!=null)
        System.out.println("库存已满, 无法继续添加!");
    else
    {
    for(int i=0;i<book.name.length;i++)
    {
        if(null==book.name[i])
        {
            book.add(str, i);
            System.out.println("添加成功");
            break;
        }
        if(book.name[i].equals(str))
        {
```

```
                System.out.println("已有存货，不必重复添加!");
                break;
            }

        }
        }
        System.out.println("--------------------------------------------------");
    }
    public void deleteBOOK()
    {
    boolean flag=true;
    System.out.println("请输入要删除的 BOOK 名称");
    String str=input.next();
    for(int i=0;i<book.name.length;i++)
    {
        if(null==book.name[0])
        {
            flag=false;
            System.out.println("BOOK 库存为空，无法删除!");
        }
        if(null==book.name[i])
            break;
        if(book.name[i].equals(str))
        {
            for(int j=i;j<book.name.length-1;j++)
                {
                book.name[j]=book.name[j+1];
                book.count[j]=book.count[j+1];
                book.lenddate[j]=book.lenddate[j+1];
                book.state[j]=book.state[j+1];
                }
            System.out.println("删除成功!");
            flag=false;
        }
    }
    if(flag)
        System.out.println("查无此书，请确认 BOOK 名称!");
    System.out.println("--------------------------------------------------");
    }
    public void orderByCount()
    {
        System.out.println("BOOK 清单\n" +
                "--------------------------------------------------\n" +
                "排名\t\t 名称\t\t\t 借阅情况\t\t 借阅日期\t\t 借出次数\n" +
                "--------------------------------------------------");
        SimpleDateFormat df=new SimpleDateFormat("yyyy-MM-dd hh:mm:ss");
```

```
    int num,nullnum = 0;
    String str,date;
    for(int i=0;i<book.name.length;i++)
    if(null==book.name[i])
    {
        nullnum=i;
        break;
    }
    paixu(book.count,book.name,nullnum);
    for(int i=0;i<book.name.length;i++)
    {
        if(null==book.name[i])
            break;
        if(book.state[i])
            str="已借";
        else
            str="可借";
        if(null==book.lenddate[i])
            date="";
        else
            date=df.format(book.lenddate[i]);
        num=i+1;
        System.out.println("TOP"+num+"\t\t"+book.name[i]+"\t\t\t"+str+"\t\t"
                +date+"\t\t"+book.count[i]);
    }
    System.out.println("--------------------------------------------------");
}
public void exitBOOK()
{
    System.out.println("--------------------------------------------------\n" +
            "谢谢使用!再见!");
    flag=false;
}
public int getIntervalDays(Date startday,Date endday){
    if(startday.after(endday)){
    Date cal=startday;
    startday=endday;
    endday=cal;
    }
    long sl=startday.getTime();
    long el=endday.getTime();
    long ei=el-sl;
    return (int)(ei/(1000*60*60*24));
    }
public void paixu(int num[],String name[],int nullnum)
{
```

```
            String temp;
            int t;
            int i;
            int m=nullnum;
           for(i=0;i<(num.length-1);i++)
            {
            if(null==name[i])
                break;
                for(int j=0;j<(m-1);j++)
                {
                    if(num[j]<num[j+1])
                    {
                        t=num[j];
                        num[j]=num[j+1];
                        num[j+1]=t;
                        temp=name[j];
                        name[j]=name[j+1];
                        name[j+1]=temp;
                    }
                }
                m--;
            }
    }
        }
```

分析：BookManager 类是本系统的业务实现类，该类实现了本系统的所有业务功能，其中包括界面显示、业务功能等，这些主要业务都是用函数的形式进行实现的，下面对这些函数进行详细介绍。

（1）public void init()

该函数的主要功能是对数组进行初始化，在本程序中，首先初始化“小说月报”等 5 本图书，然后在这些数据的基础上进行操作。

（2）public void showmenu()

该函数的主要功能是显示主界面，并根据输入的整型数字来选择所要进行的操作。

（3）public void showBOOK()

该函数的主要功能是查看图书，具体到代码上，就是实现对数组的一个遍历操作，在实现时需要根据图书状态给出是否已借出的信息。

（4）public void lendBOOK()

该函数的主要功能是借阅图书，借阅图书业务需要完成如下几个操作：首先需要判断该书是否可借，如果可借，则执行借书业务，同时更改图书的借阅状态，改原来的可借为不可借，并且还要累计借阅次数。

（5）public void returnBOOK()

该函数的主要功能是归还图书，归还图书需要完成以下几个工作：首先判断该书是否已经归还，归还图书时需要更新图书的状态，改不可借为可借，并且根据当前日期计算借阅天数，进而计算租金。

（6）public void addBOOK()

该函数的主要功能是增加图书，对于数组来说，增加图书实际上就是对数组的插入操作，数组的插入操作前面没有详细介绍，插入操作时需要注意的问题是：数组元素的移位操作，即“a[i+1]=a[i];”，尤其要注意的是，这个移位操作应该从后往前进行，否则会发生数组元素的覆盖现象。

（7）public void deleteBOOK()

该函数的主要功能是删除图书，对于数组来说，删除图书实际上就是对数组元素的删除操作，删除数组元素的语句为 a[i]=a[i+1]。

（8）public void orderByCount()

该函数的主要功能是根据借阅次数的排序，也就是通常所说的借阅热度，排序算法可以借助前面所讲的冒泡或者选择排序。

（9）public int getIntervalDays(Date startday,Date endday)

该函数的主要功能是获得两个日期之间的间隔天数，函数的实现需要借助日期函数进行，获得了这个间隔天数，才可以根据天数计算租金。

第三个类：BookStart.java 代码如下。

```
public class BookStart {
    public static void main(String[] args) {
        BookManager dvd=new BookManager();
        dvd.init();
        dvd.showmenu();
    }
}
```

分析：BookStart 类是系统的启动类，在该类中实例化 BookManager 类，并且调用该类实例的相关方法，从而启动系统。

在这个程序中除了用到了数组知识，还用到了面向对象类的知识，读者可以先参考以上代码重点练习数组和字符串的知识，关于类的知识将在第 5 章进行详细介绍。

习　　题

一、选择题

1．下面错误的初始化语句是（　　）。

A．char str[]="hello";　　B．char str[100]="hello";

C．char str[]={'h','e','l','l','o'};　　D．char str[]={'hello'};

2．定义了一维 int 型数组 a[10]后，下面错误的引用是（　　）。

A．a[0]=1;　　B．a[10]=2;　　C．a[0]=5*2;　　D．a[1]=a[2]*a[0];

3．下面的二维数组初始化语句中，正确的是（　　）。

A．float b[2][2]={0.1,0.2,0.3,0.4};　　B．int a[][]={{1,2},{3,4}};

C．int a[2][]= {{1,2},{3,4}};　　D．float a[2][2]={0};

4．引用数组元素时，数组下标可以是（　　）。

A．整型常量　　B．整型变量　　C．整型表达式　　D．以上均可

5．定义了 int 型二维数组 a[6][7]后，数组元素 a[3][4]前的数组元素个数为（　　）。

A．24　　B．25　　C．18　　D．17

二、编程题

1．定义一个 int 型的一维数组，包含 10 个元素，分别赋一些随机整数，然后求出所有元素的最大值、最小值、平均值、和值，并输出。

2．定义一个 int 型的一维数组，包含 10 个元素，分别赋值为 1～10，然后将数组中的元素都向前移一个位置，即 a[0]=a[1]，a[1]=a[2]……最后一个元素的值是原来第一个元素的值，然后输出这个数组。

3．定义一个 int 型的一维数组，包含 40 个元素，用来存储每个学员的成绩，循环产生 40 个 0～100 之间的随机整数，将它们存储到一维数组中，然后统计成绩低于平均分的学员的人数，并输出。

4．编写程序，将一个数组中的元素倒排过来。例如，原数组为 1，2，3，4，5；则倒排后数组中的值为 5，4，3，2，1。

5．要求定义一个 int 型数组 a，包含 100 个元素，保存 100 个随机的 4 位数。再定义一个 int 型数组 b，包含 10 个元素。统计 a 数组中的元素对 10 求余等于 0 的个数，保存到 b[0]中；对 10 求余等于 1 的个数，保存到 b[1]中……以此类推。

6．定义一个 20×5 的二维数组，用来存储某班级 20 位学员的 5 门课的成绩；这 5 门课按存储顺序依次为：core C++，core Java，Servlet，JSP 和 EJB。

（1）循环给二维数组的每个元素赋 0～100 之间的随机整数。

（2）按照列表的方式输出这些学员的每门课程的成绩。

（3）要求编写程序求每个学员的总分，将其保留在另外一个一维数组中。

（4）要求编写程序求所有学员的某门课程的平均分。

7．求一个 3×3 矩阵的对角线元素之和。

8．打印杨辉三角。

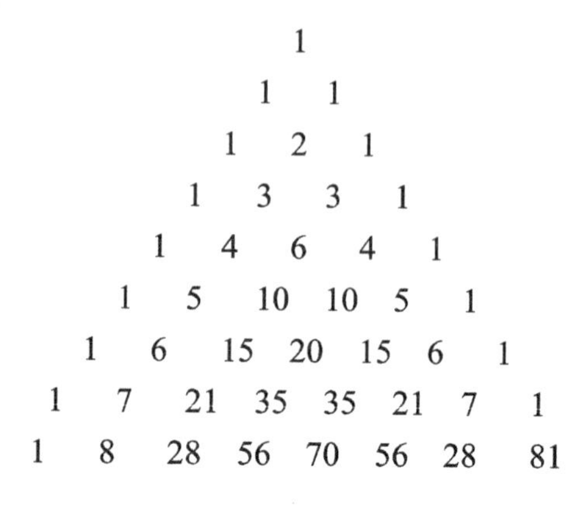

第5章　类和对象

面向对象程序设计思想是目前软件设计领域中一种主流的设计思想，与传统的面向过程程序设计思想相比，这种程序设计思想的设计理念是颠覆性的，然而这种设计思想更符合人们的逻辑思维习惯，不管是管理人员还是程序设计人员，使用面向对象的程序设计思想来编写程序将会是一件非常愉悦的事情。面向对象的基本组成部分是类和对象，本章主要介绍面向对象程序设计思想及与类和对象相关的一些概念。

5.1　面向对象基础

5.1.1　面向对象和面向过程的比较

面向过程编程实质上就是依据算法过程来组织程序的一种编程方法，所谓的面向过程可以理解为面向算法过程。这种编程思想需要分析待解决的问题所涉及的步骤，然后通过函数来逐一实现每一步骤。它是以事件（问题）为中心的。代表语言有 C 语言等。这种编程思想需要人们按照计算机的思维习惯来进行组织程序和设计算法，程序员需要以变更思维的习惯来完成设计工作。面向过程程序设计所具有的流的工作性质，试图通过信息流及其转换来认识系统，不仅加大了程序设计的难度，亦使得程序的可理解性比较差。这种程序设计思维同样为软件的后期维护升级或修改留下了较大的麻烦，程序的可复用性差。面向过程程序设计方法普遍采用的一种优化方法是自上而下的程序设计思路，要求设计开始就全面系统地了解整个工程的架构，这种编程模式非常不利于大型程序的编写及程序设计的团队合作。

如果说面向过程是一种人们按照计算机思维习惯来进行编程的程序设计思想，那么面向对象可以理解为是让计算机按照人们的思维习惯进行工作的程序设计思想。面向对象编程实际上就是模拟现实世界求解问题的一般过程。现实世界是由各种各样的对象组成的，大到各种建筑物、人、汽车，小到日常用品、玩具，都可以认为是一个一个对象。所以现实世界中的对象可以认为是客观存在的实体。但不管是哪种对象，它们都具有各自的属性，例如，颜色、重量、名字、个数等。另外对外界都呈现出各自的行为，例如：汽车可以启动、停止；人可以吃饭、唱歌。面向对象编程的基本设计理念就是对这些对象进行抽象，所以这种设计方法更符合人们思考问题的习惯。

为了更好地理解，我们举例说明，如五子棋游戏，面向过程的设计思路就是首先分析问题的步骤：①开始游戏；②黑子先走；③绘制画面；④判断输赢；⑤轮到白子；⑥绘制画面；⑦判断输赢；⑧返回步骤②；⑨输出最后结果。把上面每个步骤用分别的函数来实现，问题就解决了。而面向对象的设计则从另外的思路来解决问题。整个五子棋可以分为：①黑白双方，这两方的行为是一模一样的；②棋盘系统，负责绘制画面；③规则系统，负责判定诸如犯规、输赢等。第一类对象（玩家对象）负责接收用户输入，并告知第二类对象（棋盘对象）棋子布局的变化，棋盘对象接收到了棋子的变化就要负责在屏幕上面显示出这种变化，同时利用第三类对象（规则系统）来对棋局进行判定。可以明显地看出，面向对象是以功能来划分问题的，而不是步骤。

再譬如，我们要编写的不是五子棋，而是围棋游戏，因为面向过程关注的是算法过程，所以围棋游戏，我们可能需要另起炉灶，从头开始编写了。如果采用面向对象来进行编程，就只需要重新编写规则系统对象即可，棋子对象和棋盘对象完全可以复用五子棋游戏的相关内容。从这个角度看，面向对象编程使得程序有更好的可移植性和可复用性。另外，因为面向对象编程首先关注的是一个个对象，所以更方便实现程序设计的模块化，更方便团队分工合作。而面向过程编程关心的是算法过程，所以不利于进行模块化设计和团队合作，很难进行大型软件的开发。

5.1.2 面向对象的特点

1. 抽象

抽象是面向对象编程解决问题的一种很重要的思维工具，面向对象编程分析设计的主要工作就是构建对象模型，构建对象模型的过程实际上就是抽象的过程。抽象描述了一个对象的基本特征，可以将这个对象与所有其他类型的对象区分开来，因此提供了清晰定义的概念边界，它与观察者的角度有关。抽象关注一个对象的外部视图，用来分离对象的基本行为和实现。我们可以理解为抽象关注接口，也就是可观察到的行为；而封装则关注这些行为的实现。抽象的两个原则：基本性原则——对象的接口只提供它的基本行为；全面性原则——抽象捕获了某个对象的全部行为，不多也不少。评判抽象的品质：低耦合、高内聚、充分性、完整性、基础性。

2. 封装

封装就是把客观事物封装成抽象的类，并且类可以把自己的数据和方法只让可信的类或者对象操作，对不可信的进行信息隐藏。封装是面向对象的特征之一，是对象和类概念的主要特性。简单地说，一个类就是一个封装了数据及操作这些数据的代码的逻辑实体。在一个对象内部，某些代码或某些数据可以是私有的，不能被外界访问。通过这种方式，对象对内部数据提供了不同级别的保护，以防止程序中无关的部分意外地改变或错误地使用了对象的私有部分。

3. 继承

继承是指可以让某个类型的对象获得另一个类型的对象的属性的方法。它支持按级分类的概念。继承是指这样一种能力：它可以使用现有类的所有功能，并在无须重新编写原来的类的情况下对这些功能进行扩展。通过继承创建的新类称为“子类”或“派生类”，被继承的类称为“基类”、“父类”或“超类”。继承的过程，就是从一般到特殊的过程。要实现继承，可以通过“继承”（Inheritance）和“组合”（Composition）来实现。继承概念的实现方式有两类：实现继承与接口继承。实现继承是指直接使用基类的属性和方法而无须额外编码的能力；接口继承是指仅使用属性和方法的名称、但是子类必须提供实现的能力。

在考虑使用继承时，有一点需要注意，那就是两类之间的关系应该是“属于”关系。例如，Student 是一个人，Teacher 也是一个人，因此这两个类都可以继承 Person 类。但是 Dog 类就不能继承 Person 类。

Java 语言不支持多重继承，仅支持单重继承。

4. 多态

多态是指一个类实例的相同方法在不同情形有不同表现形式。多态机制使具有不同内部结构的对象可以共享相同的外部接口。这意味着，虽然针对不同对象的具体操作不同，但通过一个公共的类，它们（那些操作）可以通过相同的方式予以调用。实现多态，有两种方式——覆盖和重载。覆盖是指子类重新定义父类的虚函数的做法。重载是指允许存在多个同名函数，而这些函数的参数表不同（或许参数个数不同，或许参数类型不同，或许两者都不同）。

5.2 类 和 对 象

5.2.1 类和对象的概念

如前所述，与面向过程编程不同，面向对象编程首先关心的是对象，它利用对象作为描述问题空间的实体。那么，什么是对象？在现实世界中，我们可以认为万物皆对象，可以认为对象就是客观存在的实体。现实世界中的对象都有两个共同特征：状态和行为。例如，一条宠物小狗，它表现出来的状态有：宠物的名字、毛发的颜色、腿的条数、性别等。它特有的行为有：吃骨头、汪汪叫、伸舌头等，这些状态和行为可以唯一地确定这条小狗。这些状态和行为是封装在一起、不能分离的，仅仅状态或行为是不能唯一确定某个对象的，譬如如果我们仅仅知道宠物的名字、毛发颜色、腿的条数、性别等状态，我们并不能确定它是只狗，因为猫也是有四条腿的，也是分公母的。但是若再加上“吃骨头”、“汪汪叫”这些行为，我们就可以确定了，因为猫的行为是“喵喵叫”，爱吃的是鱼。所以封装在一起的状态和行为是对象的两个重要的特征，这也是面向对象封装性的一种体现。软件世界中的对象可以从现实世界中的对象抽象而来，软件世界中对象同样具有状态和行为，可以用属性变量来描述对象的特征，用方法函数来描述对象的行为。所以对象可以给出以下的定义：所谓对象，就是用来描述客观事物的一个实体，由一组属性和方法构成，对象的属性和方法通常被封装在一起，共同体现事物的特性，两者相辅相成，不能分割。

什么是类呢？继续上面的例子，宠物狗和猫，它们是具有很多共同的状态和行为的，如都有四条腿，都需要吃东西，我们很自然地把它们归为动物类。再譬如，摩托车和小汽车，它们也是有共同的状态和行为的，如都会跑，我们把它们归为交通工具类，分类思想是我们人类经常采用的一种思维方法，是我们人类认识世界的一个很自然的思维方式。我们可以给出类的定义：类是一组具有共同属性和方法的对象的抽象和集合，它定义了所有某种类的对象的共有的变量和方法。类是“蓝图”，是“模型”，是一个抽象的概念。而对象是能够看得到、摸得着的具体实体。例如，美国总统奥巴马和黑人的关系，就是对象和类的关系，一个是具体的实体，另一个是抽象的分类。图 5-1 所示为类、对象、现实世界实体的关系。

关于类和对象还可以这样理解，可以认为对象是一种特殊的变量，它保存着数据，但可能对它自身进行操作。而类可以理解成一种自定义的数据类型，一种可以定义对象这种特殊变量的特殊的数据类型。

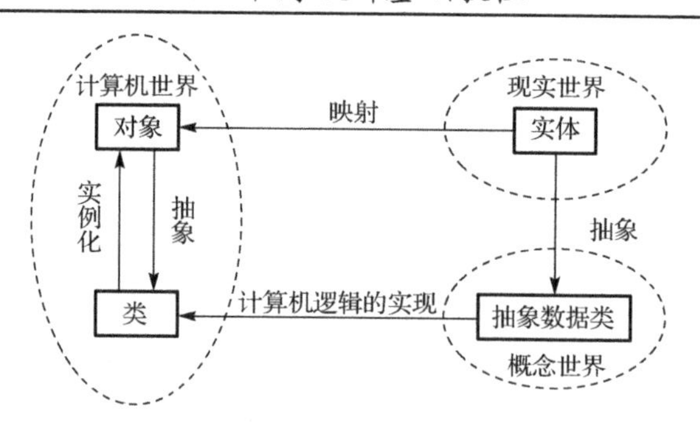

图 5-1　类、对象、现实世界实体的关系

5.2.2　类的声明和使用

```
[修饰符] class 类名[extends 父类][implements 接口名]
{
        属性(成员数据)的定义;
        方法(成员函数)的定义;
}
```

（1）声明中所用到的关键字

class 表明其后声明的是一个类。extends 表示如果所声明的类是从某一父类派生而来的，那么，父类的名字应写在 extends 之后；implements 表示如果所声明的类要实现某些接口，那么，接口的名字应写在 implements 之后。

（2）声明中所用到的修饰符

修饰符可以有多个，用来限定类的使用方式。public 表明此类为公有类，abstract 指明此类为抽象类，final 指明此类为终结类。

（3）关于属性和方法

在类中，属性是通过成员变量（成员数据）体现的，而方法是用成员函数实现的。属性和方法均可以有一个或多个。

属性的定义形式：

```
type variable1;
```

方法的定义形式：

```
type methodname1(parameter-list){
    //方法体
  }
```

【例 5-1】 学生类的定义。

分析：学生类中的属性有姓名、年龄、班级、爱好；行为有显示学生的个人信息。学生类声明如下：

```
public class Student {
    String name;
    int age;
    String classroom;
    String love;
```

```
    public void showInfo()
    {
        System.out.println("姓名"+name+"年龄"+age+"班级"+classroom+"爱好"+love);
    }
}
```

5.2.3 成员数据

Java 中的成员数据是以变量的形式来表示的，也称为成员变量。关于变量的定义和使用在前面的章节中已经介绍过了，不过前面所介绍的变量都是定义在某个方法内部的，称为局部变量，而成员变量是定义在类中的，和方法是处于同一层次上的，成员变量的定义形式为：

```
[访问修饰符] [其他特性说明符] 类型说明符 变量名;
```

说明：

（1）访问修饰符包括：public、private、protected。

（2）其他特性说明符包括：static 的作用是指明该变量是否是一个静态成员变量，final 的作用是指明该变量的值不能被修改。

（3）允许一条声明语句定义多个成员变量，并进行初始化。

【例 5-2】 成员变量定义举例 1。

```
public class Chapter5_2 {
    private int age;
    public static String name;
    final int a=2;
}
```

成员变量的类型可以是 Java 中允许的所有类型，如简单类型或引用类型等，在一个类中，成员变量的名字应该是唯一的，但允许某个成员方法的名字与之相同，如例 5-3。

【例 5-3】 成员变量定义举例 2。

```
public class Chapter5_3 {
    int age;
    public void age()
    {
              //方法体
    }

}
```

关于访问修饰符将在后面的小节中详细介绍，这里先介绍 static 说明符的用法。在 Java 中，没有 static 修饰的成员变量称为实例变量，有 static 修饰的变量称为类变量，下面分别介绍这两种成员变量。

（1）实例变量

实例变量是属于某个实例对象的，可以通过实例对象来进行引用访问，可以通过下面的方式进行引用：

```
实例名.实例变量名;
```

【例 5-4】 员工类的声明和使用。

```
public  class Employee {
String name;
int em_id;
int salary;
}
```

将其保存在 Employee.java 中，并进行编译。然后编写测试类如下，并将其保存在 Chapter5_4.java 中。

```
public class Chapter5_4 {
    /**
     测试实例变量 1,同一实例的多个实例变量引用测试
     */
    public static void main(String[] args) {
        Employee emp=new Employee();
        emp.name="Tom";
        emp.salary=800;
        emp.em_id=1001;
        System.out.println(emp.name+":"+emp.em_id+":"+ emp.salary);
    }
}
```

在员工类中，所定义的三个变量都没有加 static，都是实例变量，它们的引用方式只能通过实例对象进行引用。

编译后运行，可以看到输出结果为 Tom:1001:800。

【例 5-5】 经理类的声明和使用。

```
public class Manager {
    String name;
}
```

将其保存在 Manager.java 中，并进行编译。然后编写测试类如下，并将其保存在 Chapter5_5.java 中。

```
public class Chapter5_5 {
    /**
    测试实例变量 2, 不同实例的同一实例变量引用
     */
    public static void main(String[] args) {
        Manager m1=new Manager();
        Manager m2=new Manager();
        m1.name="张三";
        m2.name="李四";
        System.out.println(m1.name);
        System.out.println(m2.name);
    }
}
```

在经理类中，成员变量 name 是属于实例变量的，它的引用同样也只能通过实例对象，不同实例对象的实例变量将被分配不同的内存空间，改变了的某一个实例对象的实例变量的值

不会影响其他对象的实例变量，如例 5-5 编译运行后，输出的结果是“张三、李四”，输出结果分两行显示。

（2）类变量

类变量也称为静态变量，类变量是属于类的，可以通过类名进行直接访问，当然也可以通过对象名进行访问，引用格式如下：

```
类名.类变量  或者 实例名.类变量
```

【例 5-6】 类变量举例说明。

```
public class Manager1 {
  static String name;//加上 static,name 变为类变量

}
```

将其保存在 Manager1.java 中，并进行编译。然后编写测试类如下，并将其保存在 Chapter5_6.java 中。

```
public class Chapter5_6 {
    /**
    测试类变量
     */
    public static void main(String[] args) {
        Manager1 m1=new Manager();
        Manager1.name="王五";
        System.out.println(m1.name);
        System.out.println(Manager1.name);
    }
}
```

例中，name 是类变量，可以通过类名 Manager1.name 的形式进行应用，类变量在内存中只有一处，让类的所有对象共享，从类的任一对象改变类变量，类的其他对象都能发现这个改变，所以类变量还经常用于不同类之间的数据共享。

5.2.4　成员方法

在类中，行为是以方法的形式进行体现的。

定义一个方法有两个部分：方法说明和方法体。定义格式如下：

```
    [访问修饰符] [其他特性说明符]  类型说明符  方法名(参数列表)
    {
方法体
}
```

说明：

（1）访问修饰符包括：public、private、protected。

（2）其他特性说明符包括：static 的作用是指明该方法是否是一个静态成员方法；final 的作用是指明该方法不能被继承。

（3）方法类型说明符可以是 Java 中允许的所有类型，如简单类型及引用类型等。

另外，成员方法根据参数的个数可以分为有参方法和无参方法。

【例 5-7】 方法的定义。

```
public  class  compare
{
    public int max(int x,int y){
        if(x>y)
            return x;
        else
            return y;
    }
     public int  min()
    {
    //方法体
    }
}
```

在例 5-7 中，方法 max 是一个有参方法，方法 min 是一个无参方法。关于方法的调用，将在后面的小节中进行说明，本节仅介绍方法的定义。

和实例变量、类变量一样，成员方法同样可以通过是否加 static 来分为实例方法和类方法，下面分别介绍这两种成员方法的不同特点。

（1）实例方法

实例方法的引用只能通过实例对象，引用形式为：

```
对象名.实例方法名();
```

【例 5-8】 测试实例方法。

```
public class Calculate {
    /*
     实例方法测试
     */
  static int count;     //计算次数
  int num1;             //操作数 1
  int num2;             //操作数 2
  public int jiafa()    //加法计算
  {
      int sum=num1+num2;
      count++;
      return sum;
  }
  public int jianfa()   //减法计算
  {
      int sum=num1-num2;
      count++;
      return sum;
  }
  public int cal()        //根据操作数来判断进行何种计算
  {
      if(num1>=num2)
          return jiafa();
      else
```

```
        return jianfa();

    }

}
```

编写以上代码，保存在 Calculate.java 中，在 Calculate 类中，有三个成员变量，其中 count 是类变量，有三个实例方法，分别为 jiafa()、jianfa()、cal()。

下面编写测试类 Chapter5_8.java。

```
public class Chapter5_8 {
    /**
     测试类
     */
    public static void main(String[] args) {
        Calculate calculate=new Calculate();
        calculate.num1=10;
        calculate.num2=20;
        int sum=calculate.cal();
        System.out.println(sum);
    }
}
```

从该例子中可以看到，类中的实例方法可以对当前对象的实例变量进行操作，也可以对类变量进行操作，实例方法之间也可以进行互相调用，并且实例方法的调用只能通过实例对象来进行调用。

（2）类方法

类方法是属于类的，类方法不仅能通过类名直接访问，也可以通过实例对象名来进行访问。类方法的访问方式为：

```
类名.类方法()  或者  对象名.类方法()
```

我们对例 5-8 进行修改，来测试类方法。

【例 5-9】 测试类方法。

```
public class Calculate {
    /*
     类方法测试
     */
  static int count;      //计算次数
  static  int num1;      //操作数 1
  static  int num2;      //操作数 2
  public int jiafa()     //加法计算
  {
      int sum=num1+num2;
      count++;
      return sum;
  }
  public static int jianfa()     //减法计算
  {
      int sum=num1-num2;
```

```
        count++;
        return sum;
    }
    public  int cal()       //根据操作数来判断进行何种计算
    {
        if(num1>=num2)
            return jiafa();
        else
            return jianfa();

    }
}
```

我们对于例 5-8 做了如下修改，首先把 jianfa()前面加上 static，让它变为一个类方法，我们会发现，编译时这个函数出现错误提示，提示内容为“类方法不能使用实例变量”，所以把类中的两个实例变量 num1、num2 改为类变量，这时类中没有错误。从上面的代码可以看到，类方法可以使用类变量，但不能使用实例变量，实例方法可以调用类方法。

编写测试程序测试修改过的 Calculate 类。

```
public class Chapter5_9 {
    /**
     测试类
     */
    public static void main(String[] args) {
        Calculate calculate=new Calculate();
        calculate.num1=10;
        calculate.num2=20;
        int sum=calculate.cal();
        showData(sum);
    }
    public static void showData(int sum)
    {
        System.out.println(sum);
    }
}
```

在测试类中，把输出函数进行封装，封装成 showData(int)函数，若 showData()函数为实例方法，则 main()方法是无法调用它的，因为 main 方法前有 static，是一个实例方法，当修改 showData()为类方法后，main 方法就可以调用它了，这说明类方法可以调用类方法，但不能调用实例方法。

总结：实例方法可以对当前对象的实例变量或其他实例方法进行操作，也可以对类变量或类方法进行操作，但类方法不能直接调用非静态的成员方法或成员变量。

5.2.5 构造方法及对象的创建

（1）对象的声明、创建及引用

如前所述，对象可以视为一种特殊的变量，类可以视为一种自定义的数据类型，可以拿类这种数据类型来定义对象。基本形式为：

```
类名 对象名;
```

其中，类名所代表的类必须是已经定义好的，对象名需要是符合命名规范的标识符。

例如：

```
Student stu;
Employee emp;
Manager mg;
Calculate cal;
```

和普通变量一样，对象在使用前也是需要进行初始化的，也就是对象的创建。对象的创建是通过调用类的构造方法实现的，基本形式为：

```
类名 对象名=new 类名();
```

例如：

```
Student stu=new Student();
Employee emp=new Employee();
Manager mg=new Manager();
Calculate cal=new Calculate();
```

对象只有在创建后，方可被引用，对象引用的基本形式为：

```
对象名.成员变量名;
对象名.成员方法名();
```

其中“.”在 Java 中表示的是引用运算符。在面向对象编程中，变量和方法在使用时，经常需要指定该变量或方法的所属对象，所以以上的使用形式将是今后编程时经常采用的一种方式。

【例 5-10】 箱子类的定义及实例化。

首先定义一个简单的箱子类，编译并保存在 Box.java 中。

```
public class Box
{
double width;        //箱子的宽
double height;       //箱子的高
double depth;        //箱子的长
}
```

然后定义一个测试类，来声明并创建箱子对象，编译并保存在 BoxDemo.java 中。

```
public class BoxDemo {
    public static void main(String[] s){
        Box myBox = new Box();
        Box hisBox = new Box();
        double myVol, hisVol;
        myBox.width=10; myBox.height=20; myBox.depth=15;
        hisBox.width=3; hisBox.height=6; hisBox.depth=9;
        myVol=myBox.width*myBox.height*myBox.depth;
        hisVol=hisBox.width*hisBox.height*hisBox.depth;
        System.out.println("myBox is" + myBox);
        System.out.println("hisBox is" + hisBox);
```

```
        System.out.println("myVol is" + myVol);
        System.out.println("hisVol is" + hisVol);
    }
}
```

运行结果为：

```
myBox is Box@c17164
hisBox isBox@1fb8ee3
myVol is3000.0
hisVol is 162.0
```

分析：

①“Box myBox = new Box();”通过对象的声明创建语句创建两个对象 myBox 及 hisBox，从运行结果看这是两个彼此独立的两个对象，分别有从属于自己的成员变量。

②“myBox.width=10; hisBox.width=3;”通过“.”号运算符来引用该对象的成员变量，这是面向对象编程的一种基本形式，说明 myBox 的宽是 10，hisBox 的宽是 3。

（2）构造方法

① 构造方法的定义

构造方法（constructor）是一类特殊的方法，从功能上讲，它是用来对新创建的对象进行初始化的，从形式上来讲，它有以下特点：

（a）构造方法的名称与类同名；

（b）构造方法没有任何返回值，其中包括 void 类型；

（c）构造方法只能在使用 new 关键字创建对象时调用，也可以说构造方法只能通过 new 关键字调用，而不能通过对象引用；

（d）如果没有为类定义构造函数，则 Java 编译器会自动创建一个无参数的默认构造函数。

如例 5-10 中，Box 类中就没有定义构造函数，但在 BoxDemo 中，程序中仍然可以通过“new Box();”来调用构造函数创建对象，就是因为系统默认为类 Box 生成了一个无参的名字为 Box 的构造方法。

② 自定义构造方法及 this 的使用

除了系统默认生成的构造方法外，还可以自定义构造方法，自定义的构造方法除了遵循以上所说构造方法的特点外，其他的和一般方法相同。

【例 5-11】 对 Box 类的修改。

```
public class Box
{
double width;       //箱子的宽
double height;      //箱子的高
double depth;       //箱子的长
public Box(double width,double height,double depth)
{
this.width=width;
this.height=height;
this.depth=depth;
}
}
```

说明：在新的 Box 类中，我们自定义了构造方法 Box(double width,double height,double depth)，这个构造方法有三个参数，分别对应三个成员变量，在构造方法方法体部分，出现了一个新的关键词 this，this 的作用是指向当前对象，所以 this.width 的含义就是表示当前对象的成员变量，而赋值号右侧的 width 则表示 Box(double width,double height,double depth)参数列表中的参数，属于局部变量。两者的意义是不一样的。如果形式参数名与实例变量名相同，则需要在实例变量名之前加 this 关键字，否则系统会将实例变量当成形式参数。

有了这个新的构造方法，在进行实例化对象时将变得非常简便，下面对 BoxDemo 进行修改。

```
public class BoxDemo {
    public static void main(String[] s){
        Box myBox = new Box(10, 20, 15);
        Box hisBox = new Box(3, 6, 9);
        double myVol, hisVol;
        //myBox.width=10; myBox.height=20; myBox.depth=15;
        //hisBox.width=3; hisBox.height=6; hisBox.depth=9;
        myVol=myBox.width*myBox.height*myBox.depth;
        hisVol=hisBox.width*hisBox.height*hisBox.depth;
        System.out.println("myBox is " + myBox);
        System.out.println("hisBox is " + hisBox);
        System.out.println("myVol is" + myVol);
        System.out.println("hisVol is " + hisVol);
    }
}
```

程序中斜体部分是之前的 BoxDemo 中的代码，已经被注释掉了，这些语句的功能完全可以通过调用新的构造方法创建对象时来实现。

③ 方法的重载

应该注意到，在自定义 Box 类的构造方法后，Box 类中实际上已经存在两个构造方法：一个是系统默认生成的，另一个是用户自定义的，如下代码所示：

```
public class Box
{
double width;          //箱子的宽
double height;         //箱子的高
double depth;          //箱子的长
public Box()
{
//系统自动生成的构造方法
}
public Box(double width,double height,double depth)
{
this.width=width;
this.height=height;
this.depth=depth;
}
}
```

这两个构造方法，方法名相同，而方法的参数不同，这种现象称为构造方法的重载，重载现象是面向对象中经常出现的一种多态现象，重载不仅仅出现在类的构造方法中，在类的成员方法中，重载现象也经常出现。在类中，所有的满足方法名相同、而方法参数不同的方法都可以称为重载方法。

例如，求三个数中最大数的方法，利用重载机制可以进行如下定义：

```
public int max(int a,int b,int c){…}
public double max(double a,double b,double c){…}
public double max(long a,long b,long c){…}
```

这样使用一个方法名称 max 就可以定义求各种类型数据的最大值的方法，程序员只需记住一个方法名即可，减轻了程序员的负担，上述例子中 max 方法被重载。

【例 5-12】 求三个数的最大值。

编写类 MaxCalculate，类中包含三个求最值方法，分别求三个整数、浮点型、长整型数的最大值，编好后，编译并保存在 MaxCalculate.java 中。

```
public class MaxCalculate {
    public int max(int a,int b,int c)
    {
        System.out.println("求三个整数的最值");
        int Max=0;
        if(a>=b&&a>=c)
            Max=a;
        if(b>=a&&b>=c)
            Max=b;
        if(c>=a&&c>=b)
            Max=c;
        return Max;
    }
    public double max(double a,double b,double c){
        System.out.println("求三个浮点数的最值");
        double Max=0;
        if(a>=b&&a>=c)
            Max=a;
        if(b>=a&&b>=c)
            Max=b;
        if(c>=a&&c>=b)
            Max=c;
        return Max;
    }
    public double max(long a,long b,long c){
        System.out.println("求三个长整型数的最值");
        double Max=0;
        if(a>=b&&a>=c)
            Max=a;
        if(b>=a&&b>=c)
            Max=b;
        if(c>=a&&c>=b)
            Max=c;
        return Max;
    }
}
```

三个 max 方法，方法名相同，但参数不同，符合重载方法的定义。编写测试类 Chapter5_12.java，进行测试。

```
import java.util.Scanner;
public class Chapter5_12 {
    /**
    测试 MaxCalculate 类
     */
    public static void main(String[] args) {
        Scanner input=new Scanner(System.in);
        int num1=input.nextInt();
        int num2=input.nextInt();
        int num3=input.nextInt();
        MaxCalculate mc=new MaxCalculate();
        System.out.println(mc.max(num1, num2, num3));
    }
}
```

运行并输入三个整数：

```
10
20
15
```

运行结果为：

```
求三个整数的最值
20
```

说明：从结果中能够看到，调用哪个重载方法，取决于方法的参数的类型，读者可尝试修改程序，输入三个 double 型数据，运行实验一下。

5.3　包

包是 Java 语言提供的一种区别类名字命名空间的机制，它是类的一种文件组织和管理方式、是一组功能相似或相关的类或接口的集合。Java package 提供了访问权限和命名的管理机制，它是 Java 中很基础却又非常重要的一个概念。

1. 包的作用

（1）把功能相似或相关的类或接口组织在同一个包中，方便类的查找和使用。

（2）不同的包中的类的名字是可以相同的，当同时调用两个不同包中相同类名的类时，应该加上包名加以区别。因此，包可以避免名字冲突。

（3）包也限定了访问权限，拥有包访问权限的类才能访问某个包中的类。

2. 命名包

包声明语句的格式为：

```
package 包名;
```

例如：

```
package pet;//声明包
public class cat
{
}
```

这说明，类 cat 位于包 pet 中，如果需要把其他的宠物类，如 dog 类也放在 pet 包中，则需在 dog 类源文件的第一行加上 package pet 语句。

包的命名规范：

（1）一般要做到“见名知意”，如 pet 包表示宠物，该包下习惯上放置宠物类；

（2）可以使用英文句点符号表示包的层次，通常业界约定俗成的包的命名习惯是采用单位域名的倒写，作为包名的前导，如 com.hkd.demo；

（3）若包名中任何部分与关键字冲突，后缀下画线；

（4）若包名中任何部分以数字或其他不能作为标识符起始的字符开头，前缀下画线；

3．使用包

将类放入包中后，要使用包中的类，可以使用 import 语句倒入包中的类。格式为：

```
import  包名.类名
```

例如：

```
import java.io.*;
import java.util.*;
import java.awt.*;
```

上述程序段倒入的包都是 Java 的 jdk 提供的包，用户自定义的包也可以通过 import 语句进行导入。

例如：

```
import pet.cat;
import pet.*;
```

包导入语句的使用原则是：若明确知道导入的是哪个类，就写明导入的类，若不明确知道导入的类名，则尽量使用比较后面的导入包语句进行导入，否则会增加程序的内存开销。如上面两条导入宠物包的语句，第二条语句的内存开销要大于第一条语句的内存开销。

5.4　访问修饰符

5.4.1　类的访问修饰符

（1）public：可以供所有的类访问。

（2）默认（包访问权限）：默认可以称为 friendly，但是，Java 语言中是没有 friendly 这个修饰符的，这样称呼应该是来源于 C++。默认的访问权限是包级访问权限。即如果写了一个类没有写访问权限修饰符，那么就是默认的访问权限，同一个包下的类都可以访问到，即使可以实例化该类。

说明：

①每个编译单元（类文件）都仅能有一个 public class；

②public class 的名称（包含大小写）必须和其类文件同名；

③一个类文件（*.java）中可以不存在 public class；

④class 不可以是 private 和 protected（除了内部类之外）；

⑤如果不希望产生某个 class 的对象，可以将该类的所有构造函数都设置成 private。但是即使这样也可以通过类的静态成员（属性和方法）生成该类的对象。

访问修饰符与访问能力之间的关系如表 5-1 所示。

表 5-1　访问修饰符与访问能力之间的关系

类　型	无　修　饰	public
同一包中的类	yes	yes
不同包中的类	no	yes

5.4.2　类成员的访问修饰符

从语法角度，类的成员变量和成员方法的访问修饰符是一样的。

（1）public：用 public 修饰的成员，任何类都可以访问。可以直接使用 ClassName. PropertyName。但是从类的封装性上来考虑，将一个类的属性定义成 public 一般很少使用，在定义静态常量时通常会这样定义，如“public static final double Pi=3.14;”。

（2）private：只有类本身内部的方法可以访问类的 private 成员，当然内部类也可以访问其外部类的 private 成员。

（3）默认（friendly）：包级可见，同一个包内的类可以访问到这个成员，可以直接使用 className.propertyName 来访问，但是从类的封装性特性来说，很少这样使用类的属性。

（4）protected：关键字所处理的是所谓“继承”的观念。对于同一包的其他类，protected=默认，其他类可访问 protected。对于不同包的类，如果存在继承关系，而 baseClass 存在 protected 成员，则可以被其子类继承，而不同包的其他类，则不能访问类的 protected 成员。

类成员的访问修饰符与访问能力之间的关系如表 5-2 所示。

【例 5-13】　访问修饰符举例。

对例 5-9 进行修改，将成员变量 num1、num2 前的修饰符改为 private。

表 5-2　类成员的访问修饰符与访问能力之间的关系

类型	private	无修饰	protected	public
同一类	yes	yes	yes	yes
同一包中的子类	no	yes	yes	yes
同一包中的非子类	no	yes	yes	yes
不同包中的子类	no	no	yes	yes
不同包中的非子类	no	no	no	yes

```
package Chapter5;
public class Calculate5_13 {
    /*
    访问修饰符测试
```

```
    */
   static int count;      //计算次数
   private int num1;      //操作数 1
   private int num2;      //操作数 2
   public int jiafa()     //加法计算
   {
       int sum=num1+num2;
       count++;
       return sum;
   }
   public int jianfa()    //减法计算
   {
       int sum=num1-num2;
       count++;
       return sum;
   }
   public int cal()       //根据操作数来判断进行何种计算
   {
       if(num1>=num2)
           return jiafa();
       else
           return jianfa();
   }
}
```

修改后的代码，编译时没有错误提示，说明 private 成员是可以被本类访问的。然后编写测试类 Chapter5_13.java。

```
public class Chapter5_13 {
    /**
     测试类
     */
    public static void main(String[] args) {
        Calculate5_13 calculate=new Calculate5_13();
        calculate.num1=10;        //此处有误
        calculate.num2=20;        //此处有误
        int sum=calculate.cal();
        showData(sum);
    }
    public static void showData(int sum)
    {
        System.out.println(sum);
    }
}
```

但这时测试类 Chapter5_13 中就出现了 num1、num2 不能被访问的错误提示，这说明 private 成员是不能在其他类中被访问的。读者可尝试对例 5-9 进行其他修改，进行测试。

为了保证类有很好的封装性，类的成员变量建议定义成 private 成员，但这时如何在其他类中访问这些私有的成员变量呢？下面来介绍 set/get 方法。

5.4.3　set/get 方法

set/get 方法的作用是对类的私有成员变量进行存取。其中 get 方法的作用是获得私有成员变量的值，set 方法的作用是设置私有成员变量的值，为了方便记忆，set/get 方法的命名规则遵循如下原则：set/get+成员变量名，其中成员变量名的开头字母大写。set/get 方法的一般格式如下。

（1）get 方法

```
public type getVariableName()
{
return VariableName;
}
```

（2）set 方法

```
public void setVariableName(type VariableName)
{
this. VariableName= VariableName;
}
```

例如，在例 5-13 的 Calculate5_13 中加入 set/get 方法。

```
public class Calculate5_13 {
    /*
    访问修饰符测试
     */
  static int count;      //计算次数
  private int num1;      //操作数 1
  private int num2;      //操作数 2
  public int getNum1() {
    return num1;
 }
 public void setNum1(int num1) {
    this.num1 = num1;
 }
 public int getNum2() {
    return num2;
 }
 public void setNum2(int num2) {
    this.num2 = num2;
 }
 }
```

然后修改完善 Chapter5_13.java。

```
public class Chapter5_13 {
    /**
     测试类
     */
    public static void main(String[] args) {
```

```
        Calculate5_13 calculate=new Calculate5_13();
        calculate.setNum1(10);        //该条语句是修改过的
        calculate.setNum2(20);        //该条语句是修改过的
        int sum=calculate.cal();
        showData(sum);
    }
    public static void showData(int sum)
    {
        System.out.println(sum);
    }
}
```

将“calculate.num1=10;”改为“calculate.setNum1(10);”，“calculate.num2=20;”改为“calculate.setNum2(20);”。

通过set方法间接地对num1、num2赋值。这时Chapter5_13编译正常，没有错误。

5.5 方法的调用及参数传递

5.5.1 方法的参数

当有参方法调用发生时，首先进行的是参数的传递，方法的参数分为形式参数和实际参数。

（1）形式参数：定义函数时，函数名后面括号中的变量名称为“形式参数”（简称“形参”）。

（2）实际参数：主调函数中调用一个函数时，函数名后面括号中的参数（可以是一个表达式）称为“实际参数”（简称“实参”）。

在例5-12中

```
public class MaxCalculate {
    public int max(int a,int b,int c)
    {
        System.out.println("求三个整数的最值");
        int Max=0;
        if(a>=b&&a>=c)
            Max=a;
        if(b>=a&&b>=c)
            Max=b;
        if(c>=a&&c>=b)
            Max=c;
        return Max;
    }
…
}
public class Chapter5_12 {
    /**
    测试MaxCalculate类
     */
    public static void main(String[] args) {
```

```
        Scanner input=new Scanner(System.in);
        int num1=input.nextInt();
        int num2=input.nextInt();
        int num3=input.nextInt();
        MaxCalculate mc=new MaxCalculate();
        System.out.println(mc.max(num1, num2, num3));
    }
}
```

MaxCalculate 类中定义 max 方法时，方法名后面括号中的参数 a、b、c 称为形式参数。在测试类 Chapter5_12 中，主函数 main 中，调用 max 函数时方法名括号后面所出现的参数 num1、num2、num3 称为实际参数。

关于形参和实参的说明如下。

（1）在定义函数中指定的形参，在未出现函数调用时，它们并不占内存中的存储单元。只有在发生函数调用时，函数 max 中的形参才被分配内存单元。在调用结束后，形参所占的内存单元也被释放。

（2）实参可以是常量、变量或表达式，例如，“max（3, 4, 5）；”或“max(num1,num2,num3);”。但要求它们有确定的值。在调用时将实参的值赋给形参。

（3）在被定义的函数中，必须指定形参的类型。

（4）实参与形参的类型应相同或赋值兼容。

（5）值传递：实参向形参的数据传递是单向“值传递”，只能由实参传给形参，而不能由形参传回来给实参。

【例 5-14】 分析以下程序的功能。

编写程序保存在 Chapter5_14.java 中，运行并分析程序的结果。

```
package Chapter5;
public class Chapter5_14 {
    /**
     交换两个变量的值，能成功吗?
     */
    public static void main(String[] args) {
        int x=3,y=4;
        change(x,y);
        System.out.println(x+":"+y);
    }
    public static void change(int x,int y)
    {
    int t;
    if(x<y)
    {
    t=x;
    x=y;
    y=t;}
    }
}
```

运行结果为：

```
3:4
```

说明：方法 change(int x,int y)的作用读者应该都知道，是交换两个变量 x、y。这在程序设计语言中是一个非常经典的一个算法。在主调函数 main 中，调用这个 change 方法，试图交换两个实参 x、y，但却没有成功，这是为什么呢？这就是因为“值传递”的单向性的原因。只能是实参影响形参，而形参不会影响实参。在上例中，change 函数调用发生时，首先是 3 和 4 分别传给形参 x、y，然后执行 change 函数体类的语句。这时形参 x、y 随着程序的执行，确实发生了交换，而当函数调用结束，返回主调函数 main 中后，x、y 所占的内存单元也随之消逝，x、y 内存单元中所存放的值也消失了，肯定带不回到主调函数了，所以也就起不到交换实参 x、y 的作用。

5.5.2 方法的调用

方法必须先定义后调用，这一点和变量一样。

函数调用的一般形式为：

```
函数名（实参表列）
```

说明：

（1）如果是调用无参函数，则“实参表列”可以没有，但括号不能省略。

（2）如果实参表列包含多个实参，则各参数间用逗号隔开。实参与形参的个数应相等，类型应匹配。实参与形参按顺序对应，一一传递数据。

【例 5-15】 分析以下程序的功能。

编写程序保存在 Chapter5_15.java 中，运行并分析程序的结果。

```
package Chapter5;
public class Chapter5_15 {
    /**
     分析程序的运行结果
     */
    public static void main(String[] args) {
        int x=100,y=200;
        show(y,x);
        System.out.println(x+":"+y);
    }
    public static void show(int x,int y)
    {
      System.out.println(x+":"+y);
      x=400;y=800;
     }
}
```

运行结果为：

```
200:100
100:200
```

说明：在主调函数中，调用 show(y,x)函数，首先发生的是参数的传递，需要注意，形参和实参的名字都是 x、y。参数传递时，是按照参数的位置逐一传递的，而不是根据参数的名字，所以传递后，形参 x 值为 200，形参 y 值为 100。在根据值传递的单向性，可以分析出最后的结果。

按函数在程序中出现的位置来分，可以有以下两种函数调用方式。

1. 函数语句

把函数调用作为一个语句。这时不要求函数带回值，只要求函数完成一定的操作。

例如，经常用的一些库函数：

```
System.out.println("how are you?");
```

以及在例 5-15 中对 show 函数的调用，采用的都是方法语句的形式。

2. 函数表达式

函数出现在一个表达式中，这种表达式称为函数表达式。这时要求函数带回一个确定的值以参加表达式的运算。

例如，在例 5-12 中对 max 函数的调用语句：

```
System.out.println(mc.max(num1, num2, num3));
```

5.5.3 方法的返回值

函数的返回值是通过函数调用使主调函数得到的确定值。

例如，例 5-12 中，max(3,4,5)的值是 5，max(10,12,15)的值是 15。通过输出语句“System.out.println(mc.max(num1, num2, num3));” 将这个值直接输出。

（1）函数的返回值是通过函数中的 return 语句获得的。一个函数中可以有一个以上的 return 语句，执行到哪一个 return 语句，哪一个语句起作用。

（2）函数的返回值应当属于某一个确定的类型，在定义函数时指定函数返回值的类型。

例如，下面是三个函数的首行：

```
int   max(float x, float y)          /* 函数值为整型 */
char   letter(char c1, char c2)      /* 函数值为字符型 */
double  min(int x, int y)            /* 函数值为双精度型 */
```

（3）在定义函数时，指定的函数类型一般应该和 return 语句中的表达式类型一致。如果函数值的类型和 return 语句中表达式的值不一致，则以函数类型为准。对数值型数据，可以自动进行类型转换，即函数类型决定返回值的类型。

（4）对于不带返回值的函数，应当用 void 定义函数为“无类型”（或称“空类型”）。此时在函数体中不得出现 return 语句。

【例 5-16】 使用函数的方法求一维数组的最大值。

```
public class Chapter5_16 {
    /**
    函数的返回值举例
     */
    public static void main(String[] args) {
```

```
        int score[]={50,60,90,84,91,96};
        int max=maxArray(score);
        System.out.println("max="+max);
    }
    public static int maxArray(int num[])
    {
        int max=num[0];
        for(int i=0;i<num.length;i++)
        {
            if(max<num[i])
                max=num[i];
        }
        return max;
    }
}
```

运行结果为：

```
max=96
```

在这个例子中，作为 maxArray(score)函数参数的不是一个基本数据类型的数据，而是一个数组。数组作为函数的参数在本书中没有做详细介绍，数组作为函数参数时和基本数据类型数据是不一样的，不符合传递的单向性原则。

5.6 局部变量和成员变量的区别

在类中，会出现两类变量：局部变量和成员变量。

1. 局部变量

在一个函数内部定义的变量（包括形式参数）称为局部变量。它只在本函数范围内有效，即只有在本函数内才能使用这些变量，故称为“局部变量”。

说明：

（1）不同函数中可以使用相同名字的变量，它们代表不同的对象，互不干扰；

（2）形式参数也是局部变量；

（3）在一个函数内部，可以在复合语句中定义变量，这些变量只在本复合语句中有效。

如例 5-14 中

```
public static void change(int x,int y)
    {
    int t;
    if(x<y)
    {
    t=x;
    x=y;
    y=t;}
    }
```

形参 x、y 及变量 t 都是属于局部变量，它们都只能在 change 函数局部范围内有效，出了这个局部范围，它们就失去了效果。所以在例5-14中的主调函数main中，也出现了变量名为x、y的变量，main中的x、y和change中的x、y是两组不同的对象，是互不干扰的。

2. 成员变量

关于成员变量，在前面已经有了比较详细的描述，在此仅重点说明它和局部变量的区别。

（1）成员变量是定义在类中所有函数外部的变量，这一点和局部变量是不同的。

（2）对于某个类来说，成员变量的作用范围是全局的，理论上来说是可以在类的所有函数中使用的，当然若是实例变量的话，不能在类方法中使用，这是因为static引起的。

【例5-17】 超市找零程序。设定一个场景，顾客到超市买东西，顾客付账后，收银员应该找给顾客50元钱多少张，20元钱多少张，10元钱多少张，5元钱多少张，1元钱多少张，请采用面向对象的思想解决这个问题。

这个程序可以由两个类组成模型类Charge和实现类myCharge。

Charge类的代码如下：

```
public class Charge {
    private int wushi,ershi,shi,wu,yi;
    private int chargecost;
    public Charge(int wushi, int ershi, int shi, int wu, int yi) {
        this.wushi = wushi;
        this.ershi = ershi;
        this.shi = shi;
        this.wu = wu;
        this.yi = yi;
        this.chargecost=wushi*50+ershi*20+shi*10+wu*5+yi;
    }
    static Charge makeChange(int paycost,int totalcost)
     {
         int wushi,ershi,shi,wu,yi;
         int charge=paycost-totalcost;
         wushi=charge/50;
         ershi=(charge-wushi*50)/20;
         shi=(charge-wushi*50-ershi*20)/10;
         charge%=10;
         wu=charge/5;
         yi=charge%5;
         return new Charge(wushi,ershi,shi,wu,yi);
     }
    public String toString()
     {
         return ("人民币"+chargecost+"\n"+wushi+"面值五十\n"+ershi+
                "面值二十\n"+shi+"面值十\n"+wu+"面值五\n"+yi+"面值一");
     }
}
```

myCharge类的代码如下：

```
public class MyCharge {
```

```
    public static void main(String[] args) {
        Scanner input=new Scanner(System.in);
        System.out.print("请输入你消费的钱数:");
        int paycost=input.nextInt();
        System.out.print("请输入你支付的钱数:");
        int totalcost=input.nextInt();
        System.out.println("你消费了"+paycost);
        System.out.println("你给商店了"+totalcost);
        System.out.println("你的找零为"+Charge.makeChange(totalcost, paycost));
    }
}
启动 myCharge 类
```

运行结果为：

```
请输入你消费的钱数:120
请输入你支付的钱数:200
你消费了 120
你给商店了 200
你的找零为人民币 80
1 面值五十
1 面值二十
1 面值十
0 面值五
0 面值一
```

分析：在这个程序中，“private int wushi,ershi,shi,wu,yi;private int chargecost;”属于成员变量，相对于整个类的所有函数来说，这些变量的作用范围是全局的，也可以称之为全局变量，而在 makeChange 函数中定义的整型变量 wushi、ershi、shi、wu、yi，作用范围则是局部的，称之为局部变量，如果局部变量的名字和全局变量的名字相同，则在局部变量的有效范围内，全局变量将失去它的作用，形象地称之为“屏蔽”。另外像形参“int paycost,int totalcost”也是局部变量。

5.7 应用实例

在本节中，将介绍一个用面向对象思想解决的一个趣味游戏：老虎杠子鸡。玩家和机器人进行对战，玩家可以选择游戏角色，以这种角色和机器人进行对战。并且统计得分，根据得分给出游戏结果。游戏的运行界面为：

```
---------------猜拳---------------
1.老虎, 2.杠子, 3.鸡, 4.虫子
请选择角色(1.张三丰, 2.丘处机, 3.黄飞鸿)
1
您选择了张三丰这个角色对战
请出拳:(1.老虎, 2.杠子, 3.鸡, 4.虫子)
1
您出老虎
```

```
机器人出鸡
恭喜，您赢了!!
本局对战结果:
张三丰: 1 分
机器人: 0 分
输入 y 继续, n 退出
```

该程序是一个非常典型的面向对象问题，从面向对象的角度进行分析，该问题可以分为三个对象：玩家对象、机器人对象和游戏规则对象。对于玩家对象，其必需的属性有得分及玩家角色，必需的行为方法有出拳方法；对于机器人来说，其需要的属性有得分，需要的行为方法有出拳方法；相对比较复杂的对象是游戏规则对象，大家都知道老虎杠子鸡的评判规则是：老虎能吃鸡，鸡能吃虫，虫能拱杠子，杠子能打老虎。在游戏规则类中需要有机器人对象、玩家对象等属性。

游戏代码如下。

1. Player 类代码如下：

```
import java.util.Scanner;
public class Player {
    //姓名
    private String name="匿名";
    //得分
    private int score;
    public String getName() {
        return name;
    }
    public void setName(String name) {
        this.name = name;
    }
    public int getScore() {
        return score;
    }
    public void setScore(int score) {
        this.score = score;
    }
    public Player(String name, int score) {
        super();
        this.name = name;
        this.score = score;
    }
    public Player() {
        super();
        // TODO Auto-generated constructor stub
    }
    public int showFist(){
        int temp=0;
        System.out.println("请出拳:(1.老虎,2.杠子,3.鸡, 4.虫子)");
        Scanner input=new Scanner(System.in);
        temp=input.nextInt();
```

```
        switch (temp) {
        case 1:
            System.out.println("您出老虎");
            break;
        case 2:
            System.out.println("您出杠子");
            break;
        case 3:
            System.out.println("您出鸡");
            break;
        case 4:
            System.out.println("您出虫子");
            break;
        default:
            System.out.println("输入错误");
            break;
        }
        return temp;
    }
}
```

分析：玩家类 Player，根据玩家的特点，在该类中抽象出玩家的两个属性：姓名和得分，分别用成员变量 name 和 score 表示。并给出这两个变量的 set/get 方法，另外抽象出玩家的行为即出拳行为，用方法 showFist 表示，该方法实际上是一个对老虎杠子鸡等物品的打标签的操作，通过 switch 语句将老虎、杠子、鸡、虫子分别和 1、2、3、4 进行绑定。

2．Robot 类代码如下：

```
public class Robot {
    private int score;
    public int getScore() {
        return score;
    }
    public void setScore(int score) {
        this.score = score;
    }
    public int showFist(){
        int temp=(int)(Math.random()*4+1);
        switch (temp) {
        case 1:
            System.out.println("机器人出老虎");
            break;
        case 2:
            System.out.println("机器人出杠子");
            break;
        case 3:
            System.out.println("机器人出鸡");
            break;
        case 4:
            System.out.println("机器人出虫子");
            break;
```

```
        default:
            break;
        }
        return temp;
    }
}
```

分析：机器人类Robot，根据机器人的特点，在该类中抽象出机器人的属性：得分，用成员变量score表示。并给出这个变量的set/get方法，另外抽象出机器人的行为即出拳行为，也用方法showFist表示，该方法的作用和Player类中showFist的方法作用是一样的。

3．GameRule游戏规则类对象：

```
import java.util.Scanner;
public class GameRule {
    private int count;
    private Player player;
    private Robot robot;
    public Player getPerson() {
        return player;
    }
    public void setPerson(Player person) {
        this.player = person;
    }
    public Robot getComputer() {
        return robot;
    }
    public void setComputer(Robot computer) {
        this.robot = computer;
    }
    public int getCount() {
        return count;
    }
    public void setCount(int count) {
        this.count = count;
    }
    public void initial(){
        //创建用户
        player=new Player();
        //初始化机器人
        robot=new Robot();
    }
    public void startGame(){
        int role=0;
        //初始化菜单
        System.out.println("---------------猜拳-----------------");
        System.out.println("1.老虎, 2.杠子, 3.鸡, 4.虫子");
        System.out.println("请选择角色(1.张三丰,2.丘处机,3.黄飞鸿)");
        Scanner input=new Scanner(System.in);
        role=input.nextInt();
        boolean fant=true;
        switch (role) {
```

```
case 1:
    System.out.println("您选择了张三丰这个角色对战");
    player.setName("张三丰");
    break;
case 2:
    System.out.println("您选择了丘处机对战");
    player.setName("丘处机");
    break;
case 3:
    System.out.println("您选择了黄飞鸿对战");
    player.setName("黄飞鸿");
    break;
default:
    System.out.println("输入错误");
    fant=false;
    break;
}
if(fant){
String flag="y";
//开始对战
do{
int num1=0;//用户出拳值
int num2=0;//机器人出拳值
//1.用户先出拳
num1=player.showFist();
num2=robot.showFist();
//用户获胜
if((num1==1&&num2==3)||(num1==2&&num2==1)||(num1==3&&num2==4)
  ||(num1==4&&num2==2)){
    System.out.println("恭喜,您赢了!!");
    //给用户加分
    player.setScore(1+player.getScore());
    System.out.println("本局对战结果:");
    System.out.println(player.getName()+":1 分");
    System.out.println("机器人:0 分");
}else if((num1==num2)||(num1==1&&num2==4)||(num1==4&&num2==1)
  ||(num1==2&&num2==3)||(num1==3&&num2==2)){
    System.out.println("平局,加油啊!!!");
}else{
    System.out.println("你真笨!!!!!!");
    System.out.println("本局对战结果:");
    System.out.println(player.getName()+":0 分");
    System.out.println("机器人:1 分");
    robot.setScore(1+robot.getScore());
}
//增加游戏次数
count++;
//输出结果
System.out.println("输入 y 继续,n 退出");
```

```
        flag=input.next();

        while(!"n".equals(flag)&&!"y".equals(flag)){
            System.out.println("请重新输入");
            flag=input.next();
        }
        if("n".equals(flag)){
            System.out.println("谢谢使用");
        }
        }while("y".equals(flag));
        //最终对战成绩
        System.out.println(player.getName()+"     vs      机器人");
        System.out.println("对战次数:"+count+player.getName()+
                ":"+player.getScore());
        if (player.getScore()>robot.getScore()) {
            System.out.println("结果,您赢了");
        }else if(player.getScore()==robot.getScore()){
            System.out.println("结果,平局!!");
        }else {
            System.out.println("结果,输得很惨啊!!");
        }

        }else{
            System.out.println("输入有误,退出系统");
        }
    }
}
```

分析：该类是本游戏的一个主要的类，在类中有三个成员数据，count 表示对战的次数，player 和 robot 分别表示交战双方。除了必要的 set/get 方法外，本类主要有两个业务方法。

（1）public void initial()

作用是对交战双方进行实例化，也就是创建 Player 及 Robot 对象。

（2）public void startGame()

该函数是一个主要的业务函数，首先需要显示游戏界面，然后需要选择游戏角色，用户可以选择是充当哪位英雄好汉，例如，可以通过输入 1 选择张三丰，输入 2 选择丘处机，输入 3 选择黄飞鸿，然后玩家和机器人就可以对战了，对战双方分别出拳，实际上就是调用各自对象的 showFist 方法，然后根据老虎杠子鸡游戏的游戏规则，判断谁输谁赢，并给出相应的成绩评判。

4．启动游戏类为：

```
public class StartGame {
    public static void main(String[] args) {
        GameRule game=new GameRule();
        //初始化
        game.initial();        //开始游戏
        game.startGame();
    }
}
```

分析：该类的主要作用是启动游戏，创建 GameRule 类的对象，并通过调用该对象的相关方法启动游戏。

习　　题

一、选择题

1．在 Java 类中，使用以下（　　）声明语句来定义公有的 int 型常量 MAX。

A．public int MAX = 100;　　B．final int MAX = 100;

C．public static int MAX = 100;　　D．public static final int MAX = 100;

2．在 Java 中，下列关于方法重载的说法中，错误的是（　　）。

A．方法重载要求方法名称必须相同　　B．重载方法的参数列表必须不一致

C．重载方法的返回类型必须一致　　D．一个方法在所属的类中只能被重载一次

3．给定 Java 代码如下所示，以下哪个选项所定义的方法是对 cal 方法的重载?（　　）

```
public class Test{
public void cal(int x, int y, int z) {}
}
```

A．public int cal(int x, int y, float z){ return 0; }

B．public int cal(int x, int y, int z){ return 0; }

C．public void cal(int x, int z){ }

D．public void cal(int z, int y, int x){ }

4．在 Java 中，下面对于构造函数的描述，正确的是（　　）。

A．类必须显式定义构造函数

B．构造函数的返回类型是 void

C．构造函数和类有相同的名称，并且不能带任何参数

D．一个类可以定义多个构造函数

5．下列 Java 代码的运行结果是（　　）。

```
class Penguin {
    private String name=null;    // 名字
    private int health=0;        // 健康值
    private String sex=null;     // 性别
    public void Penguin() {
        health = 10;
        sex = "雄";
        System.out.println("执行构造方法。");
    }
    public void print() {
        System.out.println("企鹅的名字是" + name + "，健康值是" + health +
                "，性别是" + sex+ "。");
    }
    public static void main(String[] args) {
        Penguin pgn = new Penguin();
        pgn.print();
    }
}
```

A．企鹅的名字是 null，健康值是 10，性别是雄。

B．执行构造方法。

企鹅的名字是 null，健康值是 0，性别是 null。

C．企鹅的名字是 null，健康值是 0，性别是 null。

D．执行构造方法。

企鹅的名字是 null，健康值是 10，性别是雄。

6．下列选项中关于 Java 中封装的说法，错误的是（　　）。

A．封装就是将属性私有化，提供公有的方法访问私有属性

B．属性的访问方法包括 setter 方法和 getter 方法

C．setter 方法用于赋值，getter 方法用于取值

D．类的属性必须进行封装，否则无法通过编译

二、简答题

1．列举一些现实生活中的例子，说明什么是封装。

2．什么是重载？重载的特点是什么？

3．什么是对象？什么是类？请描述类和对象的关系。

4．如何区分类成员和实例成员？类成员有哪些特点？

5．方法的参数传递有哪些特点？

三、编程题

1．编写一个员工 Employee 类，员工属性包括：编号、姓名、基本薪水、薪水增长比例。操作方法包括：计算薪水增长金额、计算增长后的工资总额。修改薪水增长比例并打印修改之后的工资总额。

2．编写一个地址 Address 类，地址信息包括：国家、省份、城市、街道、邮编（6 个数字）。操作方法：打印地址的详细信息、修改属性（setter getter）。

3．编写一个部门 Dept 类，只读属性：部门编号、部门名称、所在位置。方法：打印部门信息。一个员工信息 Emp 类，只读属性：员工编号、员工姓名、工种、雇佣时间、工资、补助、部门。方法：打印员工信息，计算员工的薪水。修改员工补助并打印修改之后的薪水。

4．设计一个 Dog 类，有名字、颜色、年龄等属性，定义构造方法来初始化这些属性，定义方法输出 Dog 的信息。编程应用程序使用 Dog 类：使用数组来记录多条 Dog，然后从数组中同名字来查询 Dog，如果找到就打印出 Dog 信息，没有找到就提示没有此 Dog。

5．设计一个用户 User 类，有属性：用户名称、用户密码、用户登录次数。然后设计一个用户管理 UserManager 类，有属性 User 类数组，用来记录多个用户。添加用户到数组中，从数组中可以删除用户。有验证用户是否存在数组中的方法 isExist(String uname)，验证用户登录的方法 loginCheck(String uname,String pwd)。验证成功，输出登录成功，并且修改此用户的登录次数；登录失败，输出失败信息。

第 6 章　继承、多态和接口

面向对象编程有三大特性：封装性、继承性和多态性。封装性的概念在类和对象章节中已经介绍，本章将重点研究另外两个特性——继承和多态及相关的其他面向对象编程机制。

6.1 继　　承

6.1.1 继承的概念

面向对象编程实际上就是对现实世界的一种模仿，继承现象在现实世界中是存在的，通常所说的谚语："龙生龙，凤生凤，老鼠生来会打洞"，就是现实世界中继承的现象，在现实世界中，子辈总是能从父辈身上继承过来很多东西。在软件世界中，继承是一种由已有的类创建新类的机制，是面向对象三大特性之一。一个类可以从已有的类中派生出来，派生出来的新类叫做子类，已经存在的类叫做父类。

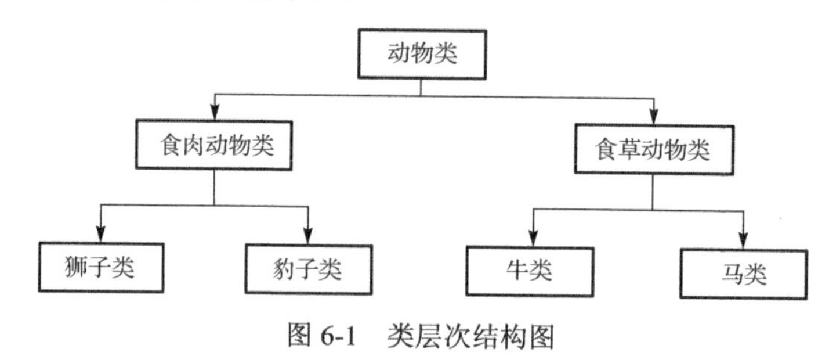

图 6-1　类层次结构图

在图 6-1 所示的类层次结构图中，动物类是食肉动物类的父类，食肉动物是狮子类的父类，相对的，食肉动物是动物类的子类，狮子类是食肉动物类的子类。子类对象和父类对象存在从属的关系，即 is a 的关系，我们可以说狮子 is a 食肉动物，就是说狮子是食肉动物的一种。

另外，从图 6-1 可以发现，父类的抽象程度要比子类高，把一组子类中共有的属性和行为抽象出来就可以构建成父类，例如，狮子和豹子的共同特征行为就是吃肉，经过进一步抽象就可以形成食肉动物类，牛和马的共同特征行为是吃草，经过进一步抽象就可以形成食草动物类。子类和父类是继承中非常重要的两个概念。

继承是软件重用的一种重要方式，软件重用可以减少软件开发的时间，重用那些已经经过证实和调试的高质量软件，可以提高系统的性能，减少系统在使用过程中出现的问题。

在 Java 中，一个子类只允许有一个父类，也就是说 Java 只支持单继承，不支持多继承，但 Java 的类允许实现多个接口，这实际上弥补了 Java 不支持多继承的缺点。

6.1.2 继承的实现

所谓的继承，就是由父类创建子类的一个过程，在继承的实现中，存在两个非常重要的操作，一个就是由子类抽象出共有的父类，另一个就是由父类派生出子类。Java 中父类对子类的派生（子类对父类的继承）是通过关键字 extends 来实现的。

```
[访问修饰符]  class  子类名  extends 父类名
{
//类的主体部分
}
```

而由一组子类抽象出父类，则需要利用抽象这个思维工具了。

【例 6-1】 通过电子宠物类，演示由子类抽象出父类，利用父类派生子类。

相信大家都玩过 QQ 电子宠物游戏吧，游戏中玩家可以养殖很多电子动物。我们模拟这个游戏，构建其中某两个电子宠物类，如兔子类和猴子类。

兔子类保存在 Rabbit.java 中，如下所示：

```java
package Chapter6;
public class Rabbit {
/**
构建兔子类
**/
    String name;
    int love;
    int health;
    String strian;
public Rabbit(String name, int love, int health, String strian) {
        super();
        this.name = name;
        this.love = love;
        this.health = health;
        this.strian = strian;
    }
    public void toEat()
    {
        System.out.println("兔子爱吃胡萝卜");
    }
    public void toPlay()
    {
        System.out.println("兔子爱蹦蹦跳跳");
    }
}
```

猴子类保存在 Monkey.java 中，如下所示：

```java
package Chapter6;
public class Monkey {
/**
构建猴子类
**/
    String name;
    int love;
```

```
    int health;
    String sex;
  public Monkey(String name, int love, int health, String sex) {
        super();
        this.name = name;
        this.love = love;
        this.health = health;
        this.sex = sex;
    }
    public void toEat()
    {
        System.out.println("猴子爱吃桃子");
    }
    public void toPlay()
    {
        System.out.println("猴子爱爬树");
    }}
```

从图 6-2 所示的这两个类的类图中，我们发现：

Rabbit	Monkey
−name: String	−name: String
−love: int	−love: int
−health: int	−health: int
−strain: String	−sex: String
+toEat(): void	+toEat(): void
+toPlay(): void	+toPlay(): void
+Rabbit()	+Monkey()

图 6-2　两个类的类图

Rabbit 类和 Monkey 类是具有很多共同的属性和方法的，对 Rabbit 类和 Monkey 类进一步进行抽象，把那些共同的属性和方法提取出来重新构成一个新类，也即这个类的父类 Pet 类，类结构如图 6-3 所示。

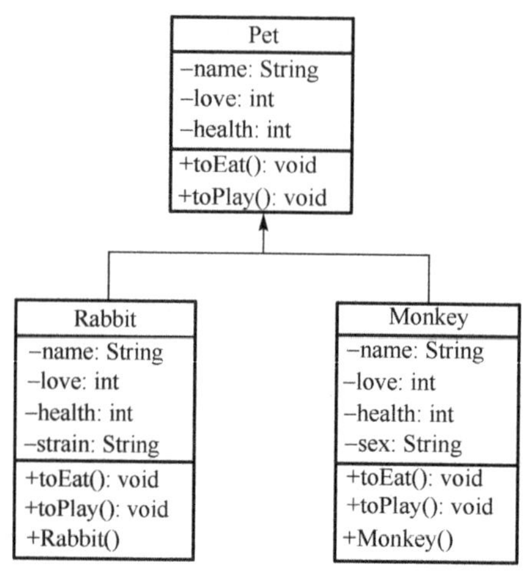

图 6-3　类结构

构建的父类保存在 Pet.java 中：

```
package Chapter6.pet;
public class Pet {
/**
构建 Pet 类
**/
    String name;
    int love;
    int health;
    public Pet() {
        super();
            }
    public void toEat()
    {
        System.out.println("吃东西");
    }
    public void toPlay()
    {
        System.out.println("玩耍");
    }
}
```

利用抽象的思维工具构建父类是继承实现过程中的一个很重要的环节。父类构建完成后，可以利用这个父类来派生出需要的子类，下面演示一下，在具有父类 Pet 的前提下，重新构建 Rabbit 类和 Monkey 类。

```
package Chapter6.pet;
public class Rabbit extends Pet{
/**
通过继承 Pet 类，构建 Rabbit 类
**/
    String strain;
    public Rabbit(String name, int love, int health, String strain) {
        super(name, love, health);
        this.strain = strain;
    }
}
package Chapter6.pet;
public class Monkey extends Pet{
/**
通过继承 Pet 类，构建 Monkey 类
**/
    String sex;
    public Monkey(String name, int love, int health, String sex) {
        super(name, love, health);
        this.sex = sex;
    }
}
```

Rabbit 类保存在 Rabbit.java 中，Monkey 类保存在 Monkey.java 中。可以看到，通过父类派生子类的工作量远远小于单独建类的工作量。

6.1.3　继承中的构造方法

构造方法是一类特殊的方法，父类的构造方法是不能被子类所继承的。有继承时的构造方法应该遵循以下的原则。

（1）如果子类的构造方法中没有通过 super 显式调用父类的有参构造方法，也没有通过 this 显式调用自身的其他构造方法，则系统会默认先调用父类的无参构造方法。在这种情况下，写或者不写“super();”语句，效果都是一样的。

（2）如果子类的构造方法中通过 super 显式调用父类的有参构造方法，那将执行父类相应构造方法，而不执行父类无参构造方法。

（3）如果子类的构造方法中通过 this 显式调用自身的其他构造方法，在相应构造方法中应用以上两条规则。

（4）特别注意的是，如果存在多级继承关系，在创建一个子类对象时，以上规则会多次向更高一级父类应用，一直到执行顶级父类 Object 类的无参构造方法为止。

说明：super 的使用方法

前面的学习中，我们学习了 this，this 的作用是指向当前类，可以访问当前类的成员变量和成员方法。在继承章节中，我们会经常用到 super，super 的作用是指向父类，可以访问父类的成员变量和成员方法。通过 super 还可以调用父类的构造方法，例如，“super();”就是调用父类中无参数的构造方法，super(参数列表)就是调用父类中有参数的构造方法。

【例 6-2】 有继承的构造方法举例。

还以电子宠物程序为例，若有父类，派生出 Monkey 子类，再由 Monkey 类派生出金丝猴类 JinSiMonkey 类，在这个过程中，测试构造方法的调用特点。

Pet 类保存在 Pet.java 中，并添加无参构造方法及输出信息提示语句。

Monkey 子类保存在 Monkey.java 中：

```
package Chapter6.pet;
public class Monkey extends Pet{
    String sex;
    public Monkey() {
        System.out.println("Monkey类无参构造方法被调用了");
        }
    public Monkey(String name, int love, int health, String sex) {
        super(name, love, health);
        this.sex = sex;
        System.out.println("Monkey类有参构造方法被调用了");
    }
}
```

JinSiMonkey 类保存在 JinSiMonkey.java 中：

```
package Chapter6.pet;
public class JinSiMonkey extends Monkey{
    String color;
```

```
    public JinSiMonkey() {
        System.out.println("JinSiMonkey类无参构造方法被调用了");
    }
    public JinSiMonkey(String name, int love, int health, String sex) {
        super(name, love, health, sex);
        this.color="金色的";
        System.out.println("JinSiMonkey类有参构造方法被调用了");
    }
}
```

编写测试类 Chapter6_1.java 进行测试：

```
package Chapter6.pet;
public class Chapter6_1 {
    /**
     测试继承中的构造方法
     */
    public static void main(String[] args) {
        Monkey monkey1=new Monkey();
        Monkey monkey2=new Monkey("Jack",20,30,"公");

        JinSiMonkey jinsimonkey1=new JinSiMonkey();
        JinSiMonkey jinsimonkey2=new JinSiMonkey("Jack",20,30,"公");
            }
}
```

运行结果为

```
Pet类无参构造方法被调用了
Monkey类无参构造方法被调用了
Pet类有参构造方法被调用了
Monkey类有参构造方法被调用了
Pet类无参构造方法被调用了
Monkey类无参构造方法被调用了
JinSiMonkey类无参构造方法被调用了
Pet类有参构造方法被调用了
Monkey类有参构造方法被调用了
JinSiMonkey类有参构造方法被调用了
```

运行结果验证了前面的理论，子类的对象创建时总是首先调用父类的构造方法，如果存在多级继承，也是首先执行顶级父类的构造方法，逐级向下执行。

6.1.4 变量的隐藏和方法的覆盖

（1）变量的隐藏

如果子类中，重新定义了父类中已经有的成员变量，那么在子类中，父类的成员变量将被屏蔽，起作用的是子类的成员变量。这种现象叫做变量的隐藏。

【例 6-3】 变量的隐藏。

重新由 Pet 类派生出兔子类 Rabbit.java。在 Rabbit 类中，重新定义父类中已经有的成员变量 health。这时在 Rabbit 类中起作用的就是该类中定义的 health，父类 Pet 中的 health 将被隐藏。Rabbit 类如下所示。

```
package Chapter6.pet;
public class Rabbit extends Pet{
    int health=100;
    public void showInfo()
    {
        System.out.println(this.health);    //本类
        System.out.println(this.name);      //继承自父类
        System.out.println(this.love);      //继承自父类
    }
}
```

对 Pet 类略做修改，将 Pet 类中的 health 初始化为 50，name 初始化为 Jack，love 初始化为 50，编写测试类 Chapter6_3.java 进行测试。

```
package Chapter6.pet;
public class Chapter6_3 {
    /**
    测试变量的隐藏
     */
    public static void main(String[] args) {
        Rabbit rabbit=new Rabbit();
        rabbit.showInfo();
    }
}
```

运行结果为：

```
100
Jack
50
```

运行的结果验证了前面的理论，showInfo 中输出的 health，是子类 Rabbit 的 health，父类的 health 在子类的范围内被隐藏了。那么如何在子类中引用被隐藏的父类的变量呢？这可以通过 super.成员变量名的方式来进行引用。

将例 6-3 Rabbit 类中的 showInfo 方法中的"System.*out*.println(**this**.health);"改为"System.*out*.println(**super**.health);"重新编译运行，结果为：

```
50
Jack
50
```

这时输出的就是父类的 health 了。

（2）方法的覆盖

在子类中可以定义和父类中相同的方法，具有和父类相同的方法名和参数列表，但执行不同的功能，这种现象叫做方法的覆盖，也叫做对父类方法的重写。方法重写必须满足如下要求：

①重写方法和被重写方法必须具有相同的方法名；

②重写方法和被重写方法必须具有相同的参数列表；

③重写方法的返回值类型必须和被重写方法的返回值类型相同或者是其子类；

④重写方法的不能缩小被重写方法的访问权限。

【例 6-4】 方法的重写。

在例 6-1 中，定义了宠物的父类 Pet 类，在 Pet 类中，定义了 toEat 方法和 toPlay 方法，但不同的宠物爱吃的食物及玩耍的习性都是不同的，让子类直接继承这些父类中的方法是不太合乎常理的，所以可以在子类中重新定义 toEat 和 toPlay 方法。

在前面例子中的 Monkey 类中加入重新定义的 toEat 和 toPlay 方法：

```
public class Monkey extends Pet{
    //前面部分略
public void toEat()
    {
        System.out.println("猴子吃桃子");
    }
    public void toPlay()
    {
        System.out.println("猴子喜欢爬树");
    }
}
```

同样的方法，可以在 Rabbit 类中添加自己的 toEat 和 toPlay。Monkey 子类中的 toEat 方法、toPlay 方法和父类 Pet 中的 toEat 方法、toPlay 方法比较起来具有共同的方法名和参数，并且方法的返回值类型也是一样的，方法的访问权限也大于等于父类中的相应方法，所不同的只是方法体部分，这些完全符合方法重写的定义及要求，所以 Monkey 类中的 toEat、toPlay 是对父类 Pet 中相应两个方法的重写，重写是面向对象多态性的体现之一，多态性的体现还有其他几种现象，在下面的小节中将详细介绍。

6.2 多　态

多态指的是编译时类型变化，而运行时类型不变。多态分两种：编译时多态，编译时动态重载；运行时多态，指一个对象可以具有多个类型。运行时多态的三原则：

1. 对象不变，改变的是主观认识；
2. 对于对象的调用只能限于编译时类型的方法，如调用运行时类型方法报错；
3. 在程序的运行时，动态类型判定，运行时调用运行时类型，即它调用覆盖后的方法。

具体来说，Java 中面向对象的多态性主要体现在以下几个方面：方法重写，方法重载，以及用父类定义子类的对象。重写和重载在前面的小节中均已介绍过，在本节中，将对这两种名字相近的多态现象加以比较总结。

（1）方法重写和重载的比较

①重写要求重写方法和被重写方法、方法名和参数列表相同，并且方法返回值类型相同或赋值兼容。重载要求重载方法间方法名相同，而参数列表不同，对重载方法的类型没有要求。

②重写要求重写方法的访问权限不能小于被重写的方法，重载在访问权限上没有要求。

③重写现象是发生在子类和父类之间的，而重载是发生在某一个类的内部的。

【例 6-5】 重写和重载的比较。

继续电子宠物程序的完善，增加一个 Person 类，如果宠物的爱心指数 love 低于 60 的话，人就需要带宠物玩耍，以便加深感情，提高宠物的爱心指数。编写 Person 类，保存在 Person.java 中：

```
package Chapter6.pet;
public class Person {
    public void play(Monkey monkey)
    {
        if(monkey.love<=60)
        {
            monkey.toPlay();
            monkey.love+=20;
        }
    }
    public void play(Rabbit rabbit)
    {
        if(rabbit.love<=60)
        {
            rabbit.toPlay();
            rabbit.love+=20;
        }
    }
}
```

编写测试类 Chapter6_5.java 进行测试：

```
package Chapter6.pet;
public class Chapter6_5 {
    /**
     测试类
     */
    public static void main(String[] args) {
        Monkey monkey=new Monkey("小猴",51,76,"公");
        Person person=new Person();
        person.play(monkey);
        }
}
```

运行结果为：

```
猴子喜欢爬树
带猴子玩耍
```

分析说明：在本例中，Person 类中的两个 play 方法，方法名字相同，但参数类型不同，则这两个方法是重载方法。在测试类 Chapter6_5 中，具体调用哪一个 play 方法，是取决于方法的实参类型的，因为实参类型为 Monkey 类类型，则应该调用带猴子玩耍的方法。另外，Monkey 类的 toPlay 方法是对父类 Pet 的 toPlay 方法的重写，父类的 toPlay 方法输出的内容是

“玩耍”，Monkey 类的 toPlay 方法输出内容是“猴子喜欢爬树”，从结果可见，执行的是子类的 toPlay 方法，父类的 toPlay 方法被子类中同名、同参的重写方法覆盖了。

（2）用父类定义子类的对象

用父类定义子类的对象也是多态的一种体现。子类和父类之间是一种 is-a 的关系，我们可以说子类是父类的一种，例如，可以说猴子是宠物的一种，但反过来是说不通的，不能说宠物是猴子的一种，所以利用父类可以来定义子类的对象，但利用子类不能直接定义父类的对象，当然如果满足一定的条件，再加上强制类型转换也是可以的。

【例 6-6】 父类定义子类对象。

在 Chapter6_6.java 中进行测试：

```
package Chapter6.pet;
public class Chapter6_6 {
    /**
    测试类
     */
    public static void main(String[] args) {
        Pet monkey=new Monkey();
        monkey.toEat();
    }
}
```

运行结果为：

```
猴子吃桃子
```

这说明用父类定义的是一个猴子对象，本例中用父类来定义，用子类的构造方法来实例化的方式，是多态中经常采用的一种方式。

在本部分，经常会用到判断某个对象是否属于某个类的操作，这时候需要用到 instanceof 运算符，一般格式为：

```
对象名 instanceof 类名
```

该运算的结果是一个布尔值。若为真，表示对象属于这个类，若为假，表示对象不属于这个类。

【例 6-7】 instanceof 运算符。

```
package Chapter6.pet;
public class Chapter6_7 {
    public static void main(String[] args) {
        Pet monkey=new Monkey();
        if(monkey instanceof Monkey)
            System.out.println("monkey is a Monkey");
        if(monkey instanceof Rabbit)
            System.out.println("monkey is a Rabbit");
        else
            System.out.println("monkey is not a Rabbit");
        }
}
```

运行结果为：

```
monkey is a Monkey
monkey is not a Rabbit
```

在继承和多态部分，围绕电子宠物程序，我们介绍了继承的概念实现、继承中的构造方法及变量的隐藏、方法的覆盖，以及 Java 中多态的表现形式。对电子宠物程序，我们不断进行修改-扩展-颠覆，修改其语句，扩展其功能，颠覆已有的实现方法，进而将继承和多态的理论知识融入其中，从而让读者更容易理解本部分内容。

6.3 抽象类和最终类

6.3.1 抽象类

为什么要学习抽象类？在电子宠物类的父类 Pet 类中，toEat 方法和 toPlay 方法都是没有必要书写方法体的，因为将来在子类中肯定要重写这两个方法。但这两个方法在 Pet 类中又是必须有的。如何包括所有子类共享的公共方法，而不必定义这些方法的具体操作，这需要抽象类来实现。

抽象类声明的格式：

```
public abstract class 类名
{
//类体
}
```

抽象类可以包含一般类能够包含的所有东西，包括构造方法。但抽象类中可以有抽象方法，而一般类中不能有抽象方法。抽象方法声明的格式为：

```
public abstract 类型声明符 方法名();
```

抽象类中的抽象方法是没有方法体的，抽象方法的实现是由当前类的各个子类在各自的类声明中，通过重写来实现的。关于抽象类和抽象方法需要注意以下几点：

（1）抽象类中可以有也可以没有抽象方法，抽象类可以具备常规类所有的一切特征；

（2）具有抽象方法的类一定是抽象类，只有抽象类才能具有抽象方法；

（3）如果抽象类的子类不是抽象类，那么该子类必须重写父类中所有的抽象方法；

（4）抽象类不能被实例化，不能通过 new 来调用其构造方法。

【例 6-8】 将 Pet 类改造成抽象类。

```
package Chapter6.pet;
public abstract class Pet {
    String name="Jack";
    int love=50;
    int health=50;
    public Pet()
    {
        System.out.println("Pet类无参构造方法被调用了");
    }
```

```
    public Pet(String name, int love, int health) {
        super();
        this.name = name;
        this.love = love;
        this.health = health;
        System.out.println("Pet 类有参构造方法被调用了");
    }
    public abstract void toEat();
    public abstract void toPlay();
}
```

读者可尝试继承这个抽象类，重新构建 Monkey 类和 Rabbit 类。

6.3.2 最终类

（1）最终类的声明

使用关键字 final 声明的类称为最终类，最终类不能被继承，即不能声明最终类的子类。字符串类就属于最终类，定义形式如下："public final classString extends Object;"。如果不希望一个类被继承，则声明该类为最终类。抽象类不能被声明为最终类。

（2）最终方法

使用 final 声明成员方法称为最终方法，最终方法不能被子类覆盖。

```
public class Circle extends Graphics
  {
        public final double area()  //最终方法，不能被子类覆盖
        {
            return Math.PI*this.radius*this.radius;
        }
  }
```

最终类可以不包含最终方法，非最终类可以包含最终方法。

6.4 接　口

接口是一种特殊的抽象类，如果抽象类中只有抽象方法和静态常量，那么完全可以定义成接口的形式，所以接口是对类的更高层次的抽象。相对于抽象类，接口还具备以下优点：

（1）可以被多继承；

（2）设计和实现完全分离；

（3）更自然地使用多态；

（4）更容易搭建程序框架；

（5）更容易更换实现。

6.4.1 接口的声明

接口的声明要使用 interface 关键字，声明的一般格式为：

```
[接口修饰符]  interface  接口名称  [extends  父类名]
{
```

```
    //接口主体
}
```

说明：

（1）[接口修饰符] 接口修饰符可以是 public 或者默认；

（2）[extends] 接口可以继承某个父类；

（3）[接口主体] 接口的主体部分分为数据成员和方法成员，与一般类不同的是，接口的数据成员必须为静态常量，接口的方法成员必须为抽象方法；

（4）[接口名称] 接口文件的文件名必须与接口名相同。

【例 6-9】 接口的声明举例，声明一个遥控器接口，可以利用它来实现电视遥控器类、空调遥控器类。

```
public interface Control {
    boolean powerOnorOff();
    int soundsUp(int increace);
    int soundsDown(int decrease);
    void mute();
    int setChannel(int newchannel);
    int ChannelUp();
    int ChannelDown();
}
```

从此例中可以看到，接口中声明的方法都是抽象方法，只提供一种形式，并不提供实施的细节。接口中的抽象方法的定义可以省略 abstract 关键字。

【例 6-10】 接口举例。

接口的概念在现实生活中也经常存在，如电脑的 USB 接口，USB 接口仅仅是提供了一个功能元件的插口，在 USB 接口中插入 U 盘，那么该接口提供的服务就是数据传输，插入 USB 风扇，那么该接口提供的服务就是供电。下面编写程序来模拟现实生活中的 USB 接口。

```
package Chapter6.pet;
public interface UsbInterface {
    public static final int count=3;
    void service();
}
```

count 表示计算机提供的 USB 接口的个数，是公共静态常量，前面的修饰部分 public static final 是可以省略的。service 方法是抽象方法，只提供形式，不定义细节。

6.4.2 接口的实现

接口在定义后，就可以在类中实现该接口。在类中实现接口可以使用关键字 implements，其基本格式如下：

```
[修饰符] class <类名> [extends 父类名] [implements 接口列表]
{ … }
```

说明：

（1）[修饰符]可选参数，用于指定类的访问权限，可选值为 public、abstract 和 final。

（2）[类名]必选参数，用于指定类的名称，类名必须是合法的 Java 标识符。一般情况下，要求首字母大写。

（3）[extends 父类名]可选参数，用于指定要定义的类继承于哪个父类。当使用 extends 关键字时，父类名为必选参数。

（4）[implements 接口列表]可选参数，用于指定该类实现的是哪些接口。当使用 implements 关键字时，接口列表为必选参数。当接口列表中存在多个接口名时，各个接口名之间使用逗号分隔。在类的继承中，只能做单重继承，而实现接口时，则可以一次实现多个接口，这时就可能出现常量或方法名冲突的情况，解决该问题时，如果常量冲突，则需要明确指定常量的接口，这可以通过“接口名.常量”实现。如果出现方法冲突时，则只要实现一个方法就可以了。

（5）在类中实现接口时，方法的名字、返回值类型、参数的个数及类型必须与接口中的完全一致，并且必须实现接口中的所有方法。来自接口中的方法必须声明成 public。

【例 6-11】 实现遥控器接口类。

```
package tv;
public class TV_control implements Control{
    private String speace=null;
    private int screensize=0;
    private boolean power_state=false;
    private int min_sound=0;
    private int max_sound=100;
    private int sound=min_sound;

    public TV_control(String speace, int screensize) {
        super();
        this.speace = speace;
        this.screensize = screensize;
    }
    public boolean powerOnorOff() {
        power_state=!power_state;
        System.out.println(screensize+"英寸的"+speace+"品牌彩电"+(power_
                state?"打开了":"关闭了"));
        return power_state;
    }
    public int soundsUp(int increace) {
        if(power_state==false)
        return 0;
        sound+=increace;
        sound=Math.min(sound, max_sound);
        System.out.println(screensize+"英寸的"+speace+"品牌彩电"+"声音增大到"
                +sound);
        return sound;
    }
    @Override
    public int soundsDown(int decrease) {
        if(power_state==false)
```

```
                return 0;
                sound-=decrease;
                sound=Math.max(sound, min_sound);
                System.out.println(screensize+"英寸的"+speace+"品牌彩电"+"声音减小到"
                        +sound);
                return sound;
        }
        @Override
        public void mute() {
            // TODO Auto-generated method stub
        }
        @Override
        public int setChannel(int newchannel) {
            // TODO Auto-generated method stub
            return 0;
        }
        @Override
        public int ChannelUp() {
            // TODO Auto-generated method stub
            return 0;
        }
        @Override
        public int ChannelDown() {
            // TODO Auto-generated method stub
            return 0;
        }
}
```

接口中的所有方法在实现类中都必须被重写，并且这些重写的方法必须被声明成 public。

【例 6-12】 实现 USB 接口类。

```
package Chapter6.pet;
public class UPan implements UsbInterface{
    @Override
    public void service() {
        System.out.println("连接 U 盘，开始传输数据");
    }
}
```

6.5 应用实例

本章中一个重要的编程思想就是面向接口编程，本节将通过介绍两个有趣的例子来介绍面向接口的程序设计。首先来介绍什么是面向接口编程，以及面向接口编程的实现方法。所谓面向接口编程，指的是开发系统时，主体构架使用接口，接口构成系统的构架，这样就可以通过更换接口的实现类来更换系统的实现。面向接口通常由三个步骤组成：抽象出 Java 接口、实现 Java 接口、使用 Java 接口。下面通过例子进行介绍。

【例 6-13】 实现打印机程序，为软件学院购进黑白和彩色打印机，用面向接口的编程方式模拟实现。

（1）抽象出 Java 接口

黑白、彩色打印机都存在一个共同的方法特征——print。黑白、彩色打印机对 print 方法有各自不同的实现，抽象出 Java 接口 PrintInterface，在其中定义方法 print，具体实现为：

```
public interface PrintInterface {
    public void print(String content);
}
public interface UsbInterface {
    public int count=3;
    public void service();
}
public abstract class PrintAbstract implements PrintInterface,UsbInterface {
}
```

（2）实现 Java 接口

已经抽象出 Java 接口 PrintInterface，并在其中定义了 print 方法，黑白、彩色打印机对 print 方法有各自不同的实现，黑白、彩色打印机通过继承上面定义的抽象类 PrintAbstract 来实现 PrintInterface 接口，各自实现 print 方法，具体实现为：

```
public class ColorPrinter extends PrintAbstract{
    //彩色打印机实现类
    public void service() {
        // TODO Auto-generated method stub
        System.out.println("打印机启动了");
    }
    public void print(String content) {
        // TODO Auto-generated method stub
        System.out.println("彩色打印机"+content);
    }
}
public class BlackPrinter extends PrintAbstract {
//黑白打印机实现类
    public void print(String content) {
        System.out.println("黑白打印机"+content);
    }
    public void service() {
        System.out.println("打印机启动了");
    }
}
```

（3）使用 Java 接口

主体构架使用接口，让接口构成系统的构架，更换实现接口的类就可以更换系统的实现，具体实现为：

```
public class SoftSchool {
    PrintAbstract printer; //has-a
```

```
    public void print(String content)
    {
        System.out.println("软件学院");
        printer.print(content);
    }
    public PrintAbstract getPrinter() {
        return printer;
    }
    public void setPrinter(PrintAbstract printer) {
        this.printer = printer;
    }
}
public class Demo3 {                                        //测试类
    public static void main(String[] args) {
        PrintAbstract black=new BlackPrinter();             //生产打印机
        SoftSchool nts=new SoftSchool();
        nts.setPrinter(black);                              //购买打印机
        nts.print("helloworld");
    }
}
```

最后在测试类 Demo3 中进行测试，首先实例化黑白打印机，然后实例化一个软件学院类，为软件学院类购进一台打印机，测试打印机的打印功能，从这个工程可以看到，面向接口编程所采用的编程理念也是面向对象的，这种编程方式非常符合人类的日常习惯，可以让枯燥的编程变得更加有趣。

【例 6-14】 用面向接口的方式，定义并实现武器系统，实现的步骤和各个步骤的具体代码如下。

（1）定义一个接口 Assaultable（可攻击的），该接口有一个抽象方法 attack()。

```
public interface Assaultable {
    public void attack();//抽象方法 attack()
}
```

（2）定义一个接口 Mobile（可移动的），该接口有一个抽象方法 move()。

```
public interface Mobile {
    public void move();//抽象方法 move()
}
```

（3）定义一个抽象类 Weapon，实现 Assaultable 接口和 Mobile 接口，但并没有给出具体的实现方法。

```
public abstract class Weapon implements Assaultable, Mobile {
//实现 Assaultable 接口和 Mobile 接口
}
```

（4）定义三个类：Tank、Flighter、WarShip 都继承自 Weapon，分别用不同的方式实现 Weapon 类中的抽象方法。

```
public class Tank extends Weapon{
```

```
    public void attack() {
        System.out.println("坦克攻击");
    }
    public void move() {
        // TODO Auto-generated method stub
        System.out.println("坦克移动");
    }
}
public class Flighter extends Weapon {
    public void attack() {
        // TODO Auto-generated method stub
        System.out.println("飞机攻击");
    }
    public void move() {
        // TODO Auto-generated method stub
        System.out.println("飞机移动");
    }
}
public class WarShip extends Weapon{
    public void attack() {
        // TODO Auto-generated method stub
        System.out.println("战舰攻击");
    }
    public void move() {
        // TODO Auto-generated method stub
        System.out.println("战舰移动");
    }
}
```

（5）写一个类 Army，代表一支军队，这个类有一个属性是 Weapon 数组 w（用来存储该军队所拥有的所有武器）；该类还提供一个构造方法，在构造方法中通过传一个 int 类型的参数来限定该类所能拥有的最大武器数量，并用这一大小来初始化数组 w。该类还提供一个方法 addWeapon(Weapon wa)，表示把参数 wa 所代表的武器加入到数组 w 中。在这个类中还定义两个方法 attackAll()和 moveAll()，让 w 数组中的所有武器攻击和移动。

```
public class Army {
    Weapon w[];
    int i=0;
    public Army(int count)
    {
        w=new Weapon[count];
    }
    public void addWeapon(Weapon wa)
    {//表示把参数 wa 所代表的武器加入到数组
        if(i<w.length)
        w[i]=wa;
        else
        {
```

```
            System.out.println("超出武器数量上限"+i);
        }
        i++;
    }
    public void attackAll()      //所有武器攻击
    {
        int i;
        for(i=0;i<w.length;i++)
            if(w[i]!=null)
        w[i].attack();
    }

    public void moveAll()        //所有武器移动
    {
        int i;
        for(i=0;i<w.length;i++)
            if(w[i]!=null)
        w[i].move();
    }
}
```

（6）写一个主方法来测试以上程序。

```
public class Demo4 {
    public static void main(String[] args) {
        Tank tank=new Tank();                   //生产坦克
        Flighter flighter=new Flighter();       //生产飞机
        Army army=new Army(3);                  //组建军队
        army.addWeapon(tank);                   //为军队配备坦克
        army.addWeapon(flighter);               //为军队配备飞机
        army.attackAll();                       //军队出击
        army.moveAll();                         //军队转移
    }
}
```

习　　题

一、选择题

1．Java 中用于定义接口的关键字是（　　）。

A．import　　B．package　　C．class　　D．interface

2．以下关于 abstract 的说法，正确的是（　　）。

A．abstract 只能修饰类

B．abstract 只能修饰方法

C．abstract 类中必须有 abstract 方法

D．abstract 方法所在的类必须用 abstract 修饰

3．下列哪种说法是正确的?（　　）

A．私有方法不能被子类覆盖

B．子类可以覆盖超类中的任何方法

C．覆盖方法可以声明自己抛出的异常多于那个被覆盖的方法

D．覆盖方法中的参数清单必须是被覆盖方法参数清单的子集

4．关于类继承的说法，正确的是（　　）。

A．Java 类允许多重继承　　B．Java 接口允许多重继承

C．接口和类都允许多重继承　　D．接口和类都不允许多重继承

5．关于抽象类，正确的是（　　）。

A．抽象类中不可以有非抽象方法

B．某个非抽象类的父类是抽象类，则这个子类必须重载父类的所有抽象方法

C．不能用抽象类去创建对象

D．接口和抽象类是同一个概念

6．下面关于继承的哪些叙述是正确的（　　）。

A．在 Java 中只允许单一继承

B．在 Java 中一个类只能实现一个接口

C．在 Java 中一个类不能同时继承一个类和实现一个接口

D．Java 的单一继承使代码更可靠

二、简答题

1．什么是继承？什么是多重继承和单继承？Java 采用何种机制来实现多重继承？

2．什么是隐藏？什么是重写？两者有何区别？

3．子类会继承父类的所有方法和属性么？

4．什么是抽象类？什么是抽象方法？各自有什么特点？

5．什么是接口？如何定义接口？接口与类有何区别？

三、编程题

1．定义一个接口，该接口中只有一个抽象方法 getClassName()。设计一个类 Pig，该类实现接口 ClassName 中的方法 getClassName()，功能是获取该类的类名。

2．假设一种场景：“假设人分为学生和工人，学生和工人都可以说话，但是学生和工人说话的内容是不一样的，也就是说，说话的这个功能应该是一个具体功能，而说话的内容就要由学生或工人来决定了”。使用抽象类实现这种场景。

3．使用面向接口的方式改造例题中的宠物商店程序。

第 7 章 集合和泛型

7.1 集合框架概述

在前面的章节中已经学习了数组，数组是 Java 提供的随机访问对象序列的最有效方法，数组是一个简单的线性序列，它具有访问效率高的优点。但数组也有自身的局限性，数组一经定义创建之后，数组中元素的个数就确定了，数组中元素的类型也确定了，因为数组本身就是一组有限个数的、数据类型相同的元素的集合。当事先不知道要存放数据的个数或者需要一种比数组下标存取机制更灵活的方法时，就需要用到集合类型。集合类型是程序设计语言中非常重要的一部分，在 Java 中有很多与集合有关的接口和类，它们被组织在以 Collection 及 Map 接口为根的层次结构中，称为集合框架。

Java 中的这些集合类有如下两个特征。

（1）集合框架特征一：只容纳对象。这一点和数组不同，数组可以容纳基本数据类型数据和对象。如果集合类中想使用基本数据类型，又想利用集合类的灵活性，可以把基本数据类型数据封装成该数据类型的对象，然后放入集合中处理。

（2）集合框架特征二：集合类容纳的对象都是 Object 类的实例，一旦把一个对象置入集合类中，它的类信息将丢失，这样设计是为了集合类的通用性。因为 Object 类是所有类的祖先，所以可以在这些集合中存放任何类的对象而不受限制，但是切记，在使用集合成员之前，必须对它重新造型。

这两个特征对于集合框架来说是非常重要的，理解这两个特征对于后面具体集合类的学习和使用有非常大的帮助。

Java 中集合框架中提供的集合框架接口主要有 Collection 接口及 Map 接口。下面对这些接口及类进行简单介绍。

（1）Collection：集合层次中的根接口，JDK 没有提供这个接口直接的实现类。

（2）Set：不能包含重复的元素。SortedSet 是一个按照升序排列元素的 Set。

（3）List：是一个有序的集合，可以包含重复的元素。提供了按索引访问的方式。

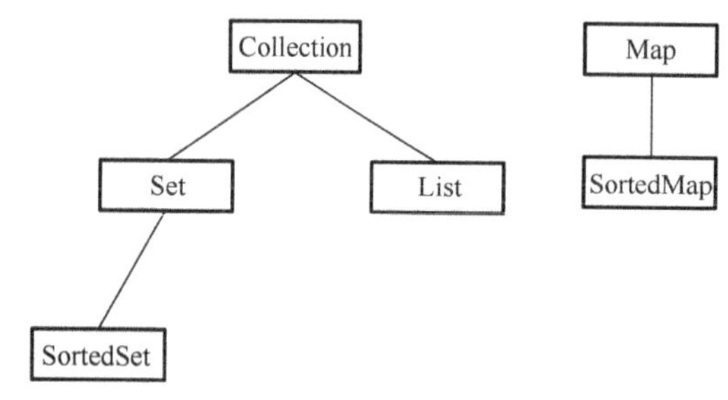

图 7-1 常用集合框架接口之间的类关系图

（4）Map：包含了 key-value 对。Map 不能包含重复的 key。SortedMap 是一个按照升序排列 key 的 Map。

（5）Vector 类是实现了 Collection 接口的具体类，在具体应用中经常使用。在下面的内容中将对这些常用的接口及实现类进行详细介绍。

常用集合框架接口之间的类关系图如图 7-1 所示。

7.2　Set 接口及其实现类

Set 是一种不包含重复元素的 Collection，即任意的两个元素 e1 和 e2 都有 e1.equals(e2)=false，Set 最多有一个 null 元素。很明显，Set 的构造函数有一个约束条件，传入的 Collection 参数不能包含重复的元素。所以 Set 接口具有如下特点：（1）Set 中的元素必须唯一；（2）添加到 Set 中的元素必须定义 equals 方法，以提供算法来判断欲添加进来的对象是否与已经存在的某对象相等，从而建立对象的唯一性；（3）Set 接口中元素的存放是无序的，如图 7-2 所示。

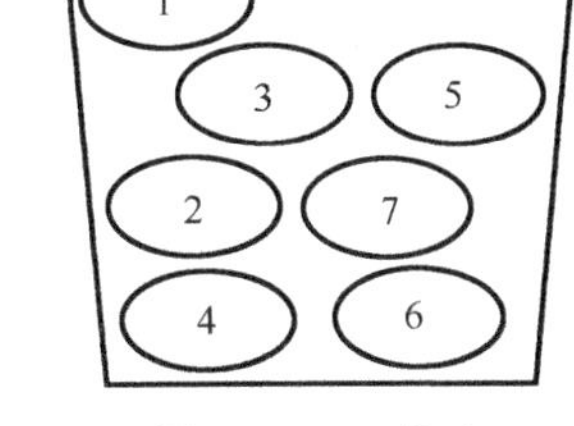

图 7-2　Set 集合

实现 Set 接口的类有：HashSet 和 TreeSet。

【例 7-1】 Set 接口举例。

```
package Chapter7;
import java.util.HashSet;
import java.util.Iterator;
public class Chapter7_1 {
    /**
     Set 接口举例
     */
    public static void main(String[] args) {
         HashSet h = new HashSet(); //也可以 Set h=new HashSet()
           h.add("1");
           h.add("2");
           h.add("3"); //可以换成重复数字 2 进行测试
           h.add("4");
           Iterator it = h.iterator();
           while (it.hasNext()) {
               System.out.println(it.next()+"\t");
           }
       }
    }
```

运行结果为：

```
3  2  1  4
```

若将 “h.add("3");” 改为 “h.add("2");”，再次运行程序进行测试。

运行结果为：

```
2  1  4
```

从上面的例子及其运行结果可以得出 Set 接口的一般特征，即 Set 接口中元素是不允许重复的，另外 Set 接口中的元素的顺序与元素的添加顺序是没有关系的，这也是 Set 接口最基本的两个特征：元素的唯一性和无序性。

7.3　List 接口及常用的实现类

List 是有序的 Collection，使用此接口能够精确地控制每个元素插入的位置。用户能够使用索引（元素在 List 中的位置，类似于数组下标）来访问 List 中的元素，索引号是从 0 开始的，如图 7-3 所示。List 接口和数组的相同之处是元素的有序性，即 List 中的元素也是有一个确定的顺序的。和数组的不同之处在于 List 接口中的元素个数没有限制，所以 List 接口在一定程度上扩展了数组的功能。

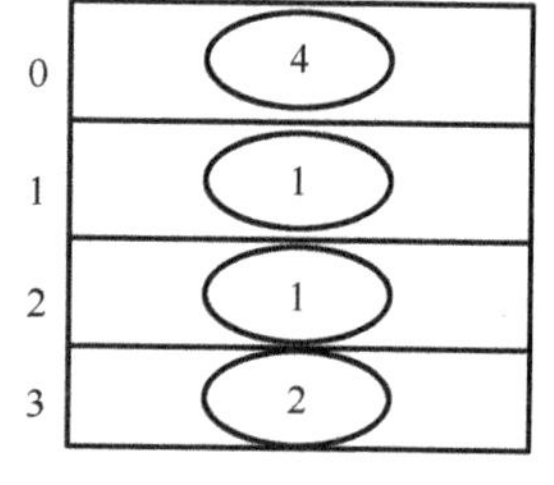

图 7-3　List 集合

实现 List 接口的常用类有 ArrayList、LinkedList、Vector 和 Stack。

7.3.1　ArrayList 类

ArrayList 是一个可变长度数组，它实现了 List 接口，因此它也可以包含重复元素和 null 元素，也可以任意地访问和修改元素，随着向 ArrayList 中不断添加元素，其容量也自动增长。

ArrayList 类常用的方法如表 7-1 所示。

表 7-1　ArrayList 类常用的方法

方　法	功　能
boolean add(Object o)	在列表的末尾顺序添加元素，起始索引位置从 0 开始
void add(int index,Object o)	在指定的索引位置添加元素。索引位置必须介于 0 和列表中元素个数之间
int size()	返回列表中的元素个数
Object get(int index)	返回指定索引位置处的元素。取出的元素是 Object 类型，使用前需要进行强制类型转换
boolean contains(Object o)	判断列表中是否存在指定元素
boolean remove(Object o)	从列表中删除元素

【例 7-2】 ArrayList 类举例。

```
package Chapter7;
import java.util.ArrayList;
public class Chapter7_2 {
    /**
    ArrayList 举例
     */
    public static void main(String[] args) {
        ArrayList al = new ArrayList();
        al.add("hello");
        al.add("world");
        System.out.println("Retrieving by index:");
        for (int i = 0; i<al.size(); i++) {
          System.out.println("Element " + i + " = " + al.get(i));
        }
    }
}
```

运行结果为：

```
Retrieving by index:
Element 0 = hello
Element 1 = world
```

通过这个例子可以看到，ArrayList 实际上就是一种动态数组，可以理解为数组的复杂版本，ArrayList 可以动态地增加和减少元素，并且可以灵活地设置数组的长度。

【例 7-3】 ArrayList 综合测试。

已知学生类 Student，创建一个 ArrayList 类的对象，编写一个测试程序，完成如下的测试要求：

（1）把多个学生的信息添加到集合中；

（2）查看学生的数量；

（3）遍历所有学生的信息；

（4）删除集合中部分学生的元素；

（5）判断集合中是否包含指定学生。

学生类如下：

```
package Chapter7;
public class Student {
    String name;
    int age;
        public Student(String name, int age) {
        super();
        this.name = name;
        this.age = age;
        }
        @Override
        public String toString() {
            // TODO Auto-generated method stub
            return this.name+","+this.age;
        }
}测试类 Chapter7_3
package Chapter7;
import java.util.ArrayList;
public class Chapter7_3 {
    /**
     ArrayList 综合测试
     */
    public static void main(String[] args) {
        Student stu1=new Student("tom",21);
        Student stu2=new Student("jack",22);
        Student stu3=new Student("rose",32);
        ArrayList stulist=new ArrayList();
        stulist.add(stu1);
        stulist.add(stu2);
        stulist.add(stu3);                        // 把多个学生的信息添加到集合中
        int num=stulist.size();
        System.out.println(stulist.size()); // 查看学生的数量
        for(int i=0;i<num;i++)
        {
            Student stu=(Student)stulist.get(i);
```

```
            System.out.println(stu);          // 遍历所有学生的信息
        }
        stulist.remove(1);
        stulist.remove(stu1);
        for(int i=0;i<stulist.size();i++)
        {
            Student stu=(Student)stulist.get(i);
            System.out.println(stu);          // 遍历所有学生的信息
        }
        System.out.println(stulist.contains(stu1));
    }
}
```

运行结果为：

```
3
tom,21
jack,22
rose,32
rose,32
false
```

说明：

（1）Student 类中 toString 函数的重写的作用是方便输出 Student 类对象的信息。

（2）"Student stu=(Student)stulist.get(i);" 这段代码为什么需要进行强制类型转换？因为集合类容纳的对象都是 Object 类的实例，一旦把一个对象置入集合类中，它的类信息将丢失，这样设计是为了集合类的通用性，所以需要进行强制类型转换。

（3）在该例中用到了 add()、size()、remove()、contains()等 ArrayList 的常用函数。

7.3.2 LinkedList 类

LinkedList 是 List 接口的实现类，LinkedList 的功能十分强大，兼具双向队列、栈和 List 集合的用法。LinkedList 内部以链表来保存集合的元素，因此在插入、删除元素时性能非常出色，因为只需改变指针地址即可，但在访问元素时就相对慢一些了，因为需要访问内部链表。LinkedList 类常用的方法如表 7-2 所示。

表 7-2 LinkedList 类常用的方法

方 法 名	说 明
void addFirst(Object o)	在列表的首部添加元素
void addLast(Object o)	在列表的末尾添加元素
Object getFirst()	返回列表中的第一个元素
Object getLast()	返回列表中的最后一个元素
Object removeFirst()	删除并返回列表中的第一个元素
Object removeLast()	删除并返回列表中的最后一个元素

【例 7-4】 LinkedList 语法测试。

```
package Chapter7;
```

```
import java.util.LinkedList;
import java.util.ListIterator;
public class Chapter7_4 {
    /**
     LinkedList 语法测试
     */
    public static void main(String[] args) {
        LinkedList list = new LinkedList();
        list.add(new Object());
        list.add("nihao");
        list.add("zhangsan");
        ListIterator li = list.listIterator(0);
        while (li.hasNext())
          System.out.println(li.next());
        }
}
```

运行结果为：

```
java.lang.Object@de6ced
nihao
zhangsan
```

LinkedList 也是 List 接口的实现类，所以在 LinkedList 中，List 接口的 get()函数是可以使用的。例 7-4 除了使用迭代器输出之外，使用 for 语句也是可以正常输出的。

【例 7-5】 LinkedList 应用举例。

已知学生类 Student，创建一个 LinkedList 类的对象，编写一个测试程序，完成如下的测试要求：

（1）在集合头部添加、获取、删除学生对象；

（2）在集合尾部添加、获取、删除学生对象；

（3）输出集合中的学生信息。

```
package Chapter7;
import java.util.LinkedList;
import java.util.ListIterator;
public class Chapter7_5 {
    /**
     LinkedList 应用举例
     */
    public static void main(String[] args) {
        LinkedList list=new LinkedList();
        Student stu1=new Student("tom",21);
        Student stu2=new Student("jack",22);
        Student stu3=new Student("rose",32);
        list.addFirst(stu1);
        list.addLast(stu2);
        list.add(1,stu3);
        ListIterator li = list.listIterator(0);
        while (li.hasNext())
```

```
            System.out.println(li.next());
            System.out.println(list.getFirst());
            System.out.println(list.getLast());
        }
    }
```

运行结果为：

```
tom,21
rose,32
jack,22
tom,21
jack,22
```

对于程序中注释的删除语句，可以去掉注释标记进行测试。在对集合插入、删除操作频繁时，可使用 LinkedList 来提高效率，另外 LinkedList 还额外提供对头部和尾部元素进行添加和删除操作的方法。

7.3.3 向量 Vector

和 ArrayList、LinkedList 一样，向量类 Vector 也是实现 Collection 接口的具体类，它可以存储数目不确定的元素，可以根据需要进行动态扩展。在前面的章节中已经学习了数组，关于向量和数组进行了如下比较：

（1）Java 的数组可存储任何类型的数组元素，包括数值类型和所有类类型；

（2）Java 向量只能存储对象类的实例；

（3）向量通过 size 函数统计向量中元素的个数，等价于数组中的 length()函数；

（4）向量中不能用方便的[]句法，而必须用 elementAt 和 setElementAt 方法来访问或修改元素。

数组：x = a[i](访问);

a[i] = x;（修改）

向量：x = v.elementAt(i);

v.setElementAt(x, i);

Vector 类常用的方法如表 7-3 所示。

表 7-3 Vector 类常用的方法

方　　法	功　　能
addElement(Object)	在向量尾部添加一个指定组件，并把它的长度加 1
elementAt(int)	返回指定下标处的元素
setElementAt(Object, int)	设置在向量中指定的 index 处的元素为指定的对象
size()	返回该向量的元素数

【例 7-6】 Vector 语法举例。

```
package Chapter7;
import java.util.Vector;
public class Chapter7_6 {
    /**
```

```
    Vector 语法测试
     */
    public static void main(String[] args) {
Vector v=new Vector();
v.add(new Integer(1));
v.add(new Integer(2));
System.out.println("Retrieving by index:");
for (int i = 0; i<v.size(); i++) {
System.out.println("Element " + i + " = " + v.get(i));
     }
     }}
```

运行结果为：

```
Retrieving by index:
Element 0 = 1
Element 1 = 2
```

7.4　Map 集合及常用的实现类 HashMap

Map 接口并不是 Collection 接口的子接口。Map 提供 key 到 value 的映射。一个 Map 中不能包含相同的 key，每个 key 只能映射一个 value。从概念上而言，可以将 List 视为具有数值键的 Map。而实际上，除了 List 和 Map 都在定义 java.util 中外，两者并没有直接联系。Map 接口中元素的存储特点如图 7-4 所示。

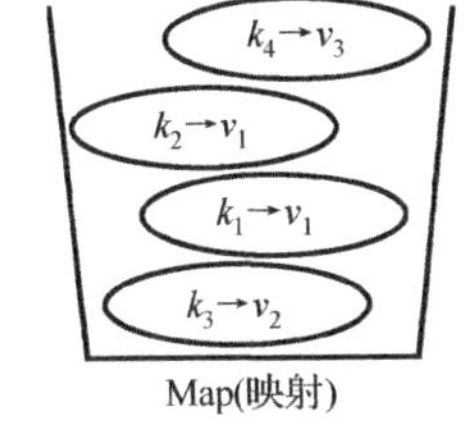

图 7-4　Map 接口中元素的存储特点

Map 接口中常用的方法如表 7-4 所示。

表 7-4　Map 接口中常用的方法

方　法	功　能
clear()	从 Map 中删除所有映射
remove(Object key)	从 Map 中删除键和关联的值
put(Object key, Object value)	将指定值与指定键相关联
clear()	从 Map 中删除所有映射
putAll(Map t)	将指定 Map 中的所有映射复制到此 map
entrySet()	返回 Map 中所包含映射的 Set 视图。Set 中的每个元素都是一个 Map.Entry 对象，可以使用 getKey()和 getValue()方法（还有一个 setValue()方法）访问后者的键元素和值元素
keySet()	返回 Map 中所包含键的 Set 视图。删除 Set 中的元素还将删除 Map 中相应的映射（键和值）
values()	返回 map 中所包含值的 Collection 视图。删除 Collection 中的元素还将删除 Map 中相应的映射（键和值）
get(Object key)	返回与指定键关联的值
containsKey(Object key)	如果 Map 包含指定键的映射，则返回 true
containsValue(Object value)	如果此 Map 将一个或多个键映射到指定值，则返回 true
isEmpty()	如果 Map 不包含键值映射，则返回 true
size()	返回 Map 中的键值映射的数目

HashMap 类是 Map 接口的实现类之一，HashMap 采用一种所谓的"Hash 算法"来决定每个元素的存储位置。当程序执行"map.put("张三"，80.0);"时，系统将调用"张三"的

hashCode()方法得到其 hashCode 值——每个 Java 对象都有 hashCode()方法，都可通过该方法获得它的 hashCode 值。得到这个对象的 hashCode 值之后，系统会根据该 hashCode 值来决定该元素的存储位置。

【例 7-7】 HashMap 语法测试。

```
package Chapter7;
import java.util.HashMap;
public class Chapter7_7 {
    /**
     HashMap 接口语法测试
     */
    public static void main(String[] args) {
        HashMap h = new HashMap();
        h.put("1", "张三");
        h.put("2", "lisi");
        h.put("3", "wangwu");
        String queryString = "2";
        String resultString = (String)h.get(queryString);
        System.out.println("They are located in: " + resultString);
    }}
```

运行结果为：

```
They are located in: lisi
```

在该例中，主要使用 HashMap 的两个重要的函数——get()函数和 put()函数。put()的作用是向 HashMap 集合中添加一个键值对，get 函数的作用是根据键获得相应的值。

HashMap 在后续课程的学习中具有非常重要的作用，例如，在 Java 高级编程中所要用到的数据库编程中，大家可能要学到一种叫做 Dao 模式的间接访问数据库的技术。在 Dao 模式中，如果需要对两个表进行联合查询，这时就需要用到 HashMap 了，例如以下代码段。

【例 7-8】 HashMap 应用举例。

```
public ArrayList<HashMap> getBjLishi(String user,BaseDao bd) {
        String sql="select distinct bjxx.id,bjxx.jh,bjxx.jc,to_char
                (bjxx.bjtime,'yyyy-MM-dd HH:mi:ss') btime,status.status from bjxx"
                +" join status"
                +" on bjxx.bjlx=status.id"
                +" join yjcs on yjcs.jh=bjxx.jh and yjcs.yhgs='"+user+"'";
        System.out.println(sql);
        ResultSet rs=null;
        rs=bd.executeSql(sql, null);
        ArrayList<HashMap> bjlishilist=new ArrayList<HashMap>();
        try {
            while(rs.next())
            {
            HashMap<String, Object> map=new HashMap<String, Object>();
            map.put("id", rs.getInt(1));
            map.put("jh", rs.getString(2));
```

```
            map.put("jc", rs.getString(3));
            map.put("btime", rs.getString(4));
            map.put("status", rs.getString(5));
            bjlishilist.add(map);                   }
                } catch (SQLException e) {
                e.printStackTrace();
                }
                return bjlishilist;
    }
```

在这段代码中，就充分利用了 HashMap 中的元素的键值对的存储特点，将两张表的信息都揉合到一个 HashMap 集合中，初学者可能很难理解以上代码，但至少要知道 HashMap 的重要性。

另外这种键值对的存储模式，在 Java 后续课程的学习中也屡见不鲜，例如，在 Java Web 开发中将要学到的内置对象，内置对象属性的存储方式也是键值对。

7.5　Properties 类

Properties 类是 HashTable 的子类，同样是 Map 接口的实现类。Properties 类中元素的存储特点也是键值对的存储形式，当然存入的数据是无序的，只能通过 key 的方式来得到对应 value。Properties 类也有自身的特点，如下所示。

（1）该集合中的键和值都是字符串类型。

（2）集合中的数据可以保存到流中，或者从流加载。

（3）表示一个持久的属性集，可以把内存里面的数据保存到硬盘上的文件中。

（4）此类是线程安全的，可以用在多线程当中。

Properties 类常用的方法如表 7-5 所示。

表 7-5　Properties 类常用的方法

方　法	功　能
Properties()	创建一个无默认值的空属性列表
String getProperty(String key)	用指定的键在此属性列表中搜索属性
void load(InputStream inStream)	从输入流中读取属性列表（键和元素对）
Object setProperty(String, String)	调用 Hashtable 的方法 put

【例 7-9】 Properties 举例。

```
package Chapter7;
public class Chapter7_8 {
    public static void main(String[]args) throws IOException{
        p_getAndSet();
        p_return();
        p_write();
        p_create();
        p_generate();
    }
```

```
/**
 *
 * Properties 集合的存、取元素,遍历
 */
public static void p_getAndSet(){
    Properties propertie = new Properties();
    propertie.setProperty("tom", "30");
    propertie.setProperty("jack", "23");
    propertie.setProperty("rose", "24");
    propertie.setProperty("lisa", "25");
    Enumeration enumer = propertie.propertyNames();
    while(enumer.hasMoreElements()){
        String key = (String) enumer.nextElement();
        String value = propertie.getProperty(key);
        System.out.println(key+"="+value);
    }
}
/**
 * 返回当前系统属性集合,包括 Java 虚拟机的信息,运行时环境,操作系统信息
 *
 */
public static void p_return(){
    Properties pro = System.getProperties();//返回值 Properties
    pro.list(System.out);
}
/**
 * 将集合中的键值信息存储到文件中,使用 OutputStream 字节流,使用 store 方法
 * */
public static void p_write(){
    Properties pr = new Properties();
    pr.setProperty("zhanghong", "20");
    pr.setProperty("lisi", "23");
    pr.setProperty("wangwu", "34");
    pr.setProperty("zhaoliu", "45");
    OutputStream os = null;
    try {
        os = new FileOutputStream("info.txt");//持久化到文件当中
        pr.store(os, "info");//将集合中的键值信息写入到输出流中
    } catch (IOException e) {
       e.printStackTrace();
    }finally{
       if(os != null){
           try {
               os.close();//保存到文件当中
           } catch (IOException e) {
               e.printStackTrace();
           }
```

```
            }
        }
    }
    /**
     * 将资源文件信息读入到输入流中,从输入流中读取属性列表
     */
    public static void p_create(){
        Properties pro = new Properties();
        InputStream in = null;
        try {
            //关联已有的属性文件
            in = new FileInputStream("info.txt");
            pro.load(in);//load到集合中
            pro.list(System.out);//使用调试方法遍历集合,打印到控制台
        } catch (IOException e) {
            e.printStackTrace();
        }finally{
            try {
                if(in != null){
                    in.close();
                }
            } catch (IOException e) {
                e.printStackTrace();
            }
        }
    }
    /**
     * 如果不存在创建文件,文件存在,读取文件并对已有文件进行修改
     */
    public static void p_generate() throws IOException{
        File file = new File("info.txt");
        if(!file.exists()){
            file.createNewFile();
        }
        //通过字符输入流对文件进行读取
        Reader fr = new FileReader(file);
        Properties pro = new Properties();
        //从字符输入流中读取文件列表
        pro.load(fr);
        //修改配置文件信息
        pro.setProperty("zhaoliu", "30");
        //写入到字符输出流中,持久化修改后的文件
        Writer fw = new FileWriter(file);
        pro.store(fw, "update zhaoliu");
        //遍历修改后的文件
        Set<String> keys = pro.stringPropertyNames();
        for(String key:keys){
```

```
                String value = pro.getProperty(key);
                System.out.println(key+"="+value);
            }
            fr.close();
            fw.close();
        }
    }
```

对上例的测试，读者可以分别进行，在此不再赘述。从例 7-9 可以看到，Properties 类主要用于读取 Java 的配置文件，各种语言都有自己所支持的配置文件，配置文件中很多变量是经常改变的，这样做也是为了方便用户，让用户能够脱离程序本身来修改相关的变量设置。像 Python 支持的配置文件是.ini 文件，同样，它也有自己读取配置文件的类 ConfigParse，方便程序员或用户通过该类的方法来修改.ini 配置文件。在 Java 中，其配置文件常为.properties 文件，格式为文本文件，文件内容的格式是“键=值”的格式，文本注释信息可以用#来注释。

例如，在信息管理系统软件中，对数据库的操作部分，往往把数据库的相关信息存放在一个 properties 后缀的文件中，这些信息的存储是以键值对的形式存放的。例如：

```
driver=oracle.jdbc.driver.OracleDriver #Oracle 数据库驱动
url=jdbc:oracle:thin:@localhost:1521:expense #数据库链接字符串
user=gzf  #数据库用户名
pwd=m123  #数据库密码
```

键和值之间以等号链接，若需注释，则需要在注释的内容前加上#符号，以上就是一个 properties 文件的内容。

访问数据库时，数据库的相关信息可以从这个属性文件读取出来，参考代码如下。以下代码通过配置文件读取数据库信息。

```
    {
Propget.getfile("dbconfig.properties");
// dbconfig.properties 文件必须和 Java 代码放在同一目录下
driver=Propget.getValue("driver");      //得到 driver
url=Propget.getValue("url");            //得到链接字符串 url
user=Propget.getValue("user");          //得到用户名 user
pwd=Propget.getValue("pwd");            //得到密码 pwd
            }
    try {
            Class.forName(driver);      //加载驱动
            conn=DriverManager.getConnection(url, user, pwd);
            //建立链接
        } catch (ClassNotFoundException e) {
            // TODO Auto-generated catch block
            e.printStackTrace();
        } catch (SQLException e) {
            // TODO Auto-generated catch block
            e.printStackTrace();
        }
}
```

这样做的好处是显而易见的，如果把相关信息写死到代码中，如果数据库信息发生变化，那么只能去修改代码，这样做是非常费时费力的。而采用上面的方法则可以很好地解决这个问题，上面的数据库是 oracle 数据库，假如换成 mysql 数据库，只需修改属性文件中的 driver 和 url 就可以了。

7.6　集合类的遍历

集合类的遍历在前面的例子中已经有所体现，但没有专门说明。本节将对这些集合类的遍历方式进行详细说明。

集合类的遍历方法有三种：for 语句（或 for each 语句）、Enumeration、Iterator 类。其中 for 语句方式经常用在对 List 这种顺序存储集合的遍历上，不能用在 Set 集合和 Map 集合上。Enumeration 类不能用于 ArrayList 对象，Iterator 类既可以用在所有 List 集合，也可以用在 Set 集合及 Map 集合。下面分别对这三种方式进行举例说明。

7.6.1　for 语句方式

for 语句的遍历通常用在 List 接口的实现类 ArrayList、LinkedList、Vector 上，因为这些集合类中的元素都是顺序存储的。

【例 7-10】 for 语句方式遍历集合。

```
package Chapter7;
import java.util.ArrayList;
public class Chapter7_10 {
    /**
     for 语句方式
     */
    public static void main(String[] args) {
        ArrayList list=new ArrayList();
        list.add("1");
        list.add("2");
        list.add("3");
        for(int i=0;i<list.size();i++)
            System.out.println(list.get(i));
    }
}
```

7.6.2　Enumeration 类方式输出

Enumeration 类提供了两个实例方法来实现遍历，如表 7-6 所示。

表 7-6　Enumeration 类的两个实例方法

方　法	功　能
hasMoreElements()	判断是否还有剩下的元素
nextElement()	取得下一个元素

其中 hasMoreElements()通常作为循环的控制条件，循环执行 nextElement()方法，就可以将元素依次取出。

【例 7-11】 Enumeration 类遍历举例。

```
package Chapter7;
import java.util.Enumeration;
import java.util.Vector;
public class Chapter7_11 {
    /**
     Enumeration 举例
     */
    public static void main(String[] args) {
        Enumeration et;
        Vector v=new Vector();
        v.add("how");
        v.add("are");
        v.add("you");
        et=v.elements();
        while(et.hasMoreElements())
        {
            System.out.print(et.nextElement()+"\t");
        }
    }
}
```

运行结果为：

```
how are you
```

7.6.3 Iterator 类实现集合遍历

相比之前两种方法，Iterator 是最方便、功能最强大的一种遍历集合的方式。Iterator 可以对多种集合对象进行遍历。Iterator 类提供了两个实现遍历的方法，如表 7-7 所示。

表 7-7 Iterator 类的两个实现遍历的方法

方 法	功 能
hasNext()	判断是否还有元素
next()	取得下一个元素

下面分别举例说明 Iterator 在几种集合类中的遍历。

【例 7-12】 Iterator 对 ArrayList 对象的遍历。

```
package Chapter7;
import java.util.ArrayList;
import java.util.Iterator;
public class Chapter7_12 {
    /**
     Iterator 对 ArrayList 对象的遍历
     */
    public static void main(String[] args) {
        ArrayList al = new ArrayList();
```

```
        al.add("hello");
        al.add("world");
        System.out.println("Retrieving by index:");
        Iterator it=al.iterator();
        while(it.hasNext())
        {
        System.out.println(it.next());
               }
    }
}
```

Iterator 对 LinkedList 对象的遍历见例 7-4，Iterator 对 Set 集合的遍历见例 7-1，在此不再赘述。

【例 7-13】 Iterator 对 Map 集合的遍历。

```
package Chapter7;
import java.util.HashMap;
import java.util.Iterator;
import java.util.Set;
public class Chapter7_13 {
    /**
    Iterator 对 Map 集合的遍历
     */
    public static void main(String[] args) {
        HashMap<String, String> citys =new HashMap<String, String>();
        //添加对象
        citys.put("yy", "宜阳");
        citys.put("nc", "南昌");
        citys.put("bj", "北京");
        citys.put("zz", "郑州");
        Set<String> keys=citys.keySet();          //得到所有的键值
        Iterator<String> iterator= keys.iterator();//
        while(iterator.hasNext())                 //有下一个键值
        {
            String key=(String)iterator.next(); //获得键值
            System.out.println(citys.get(key)); //根据键值输出相应的值
        }
    }
}
```

运行结果为：

```
北京
南昌
郑州
宜阳
```

输出的城市顺序并不是按照添加的顺序输出的，这说明 HashMap 中存储的元素的顺序是无序的键值对。该例是利用 keySet 遍历输出的，也可以利用 entrySet 遍历输出，如例 7-14 所示。

【例 7-14】 利用 entrySet 遍历输出。

```
package Chapter7;
import java.util.HashMap;
import java.util.Iterator;
import java.util.Set;
import java.util.Map.Entry;
public class Chapter7_14 {
    /**
    Iterator 对 Map 集合的遍历
     */
    public static void main(String[] args) {
        HashMap<String, String> citys =new HashMap<String, String>();
        //添加对象
        citys.put("yy", "宜阳");
        citys.put("nc", "南昌");
        citys.put("bj", "北京");
        citys.put("zz", "郑州");
        Set<Entry<String, String>> entryset= citys.entrySet();
                                        //获得整个map的对象，包括键和值
        Iterator<Entry<String, String>> iterator = entryset.iterator();
        while(iterator.hasNext())
        {
            Entry<String,String> entry = (Entry<String,String>)iterator.next();
                                        //获得对象
            System.out.println(entry.getKey()+"---"+entry.getValue());
                                        //输出键和值
                }}}
```

在例 7-13 及例 7-14 中已经引入了一种新的语法，定义一个 HashMap 对象以前是这样写的“HashMap citys =new HashMap ();”，但在这两个例子中，“HashMap<String, String>citys =new HashMap<String, String>();”多了两对尖括号。这种语法现象叫做泛型，关于泛型将在下面的小节中详细介绍。

7.7 泛　　型

泛型（Generic type 或 generics）是对 Java 语言的类型系统的一种扩展，以支持创建可以按类型进行参数化的类。可以把类型参数视为使用参数化类型时指定的类型的一个占位符，就像方法的形式参数是运行时传递的值的占位符一样。泛型学习的意义在集合框架的使用中最能体现出来。例如，Map 类允许向一个 Map 添加任意类的对象，最常见的情况是在给定映射中保存某个特定类型的对象，比如 String 类型的对象。

因为 Map.get()被定义为返回 Object，所以一般必须将 Map.get()的结果强制类型转换为期望的类型，如以下代码所示：

```
Map m = new HashMap();
m.put("key", "blarg");
String s = (String) m.get("key");
```

要让程序通过编译，必须将 get()的结果强制类型转换为 String，并且希望结果真的是一个 String。但是有可能某人已经在该映射中保存了不是 String 的东西，这样的话，上面的代码将会抛出 ClassCastException。理想情况下，你可能会得出这样一个观点，即 m 是一个 Map，它将 String 键映射到 String 值。这可以让你消除代码中的强制类型转换，同时获得一个附加的类型检查层，该检查层可以防止有人将错误类型的键或值保存在集合中。这就是泛型所做的工作。

Java 语言中引入泛型是一个较大的功能增强。不仅语言、类型系统和编译器有了较大的变化，以支持泛型，而且类库也进行了大翻修，所以许多重要的类，比如集合框架，都已经成为泛型化的了。这带来了很多好处：

（1）类型安全。泛型的主要目标是提高 Java 程序的类型安全。通过了解使用泛型定义的变量的类型限制，编译器可以在一个高得多的程度上验证类型假设。没有泛型，这些假设就只存在于程序员的头脑中。Java 程序中的一种流行技术是定义这样的集合，即它的元素或键是公共类型的，如“String 列表”或“String 到 String 的映射”。通过在变量声明中捕获这一附加的类型信息，泛型允许编译器实施这些附加的类型约束。类型错误现在就可以在编译时被捕获了，而不是在运行时当成 ClassCastException 展示出来。将类型检查从运行时挪到编译时，有助于更容易找到错误，并可提高程序的可靠性。

（2）消除强制类型转换。泛型的一个附带好处是：消除源代码中的许多强制类型转换。这使得代码更加可读，并且减少了出错机会。

尽管减少强制类型转换可以降低使用泛型类的代码的重复程度，但是声明泛型变量会带来相应的重复。比较以下两个代码例子。

该代码不使用泛型：

```
List li = new ArrayList();
li.put(new Integer(3));
Integer i = (Integer) li.get(0);
```

该代码使用泛型：

```
List<Integer> li = new ArrayList<Integer>();
li.put(new Integer(3));
Integer i = li.get(0);
```

在简单的程序中使用一次泛型变量不会降低重复程度，但是对于多次使用泛型变量的大型程序来说，则可以累积起来降低重复程度。

（3）潜在的性能收益。泛型为较大的优化带来可能。在泛型的初始实现中，编译器将强制类型转换（若没有泛型，程序员会指定这些强制类型转换）插入生成的字节码中。但是更多类型信息可用于编译器这一事实，为未来版本的 JVM 的优化带来可能。

由于泛型的实现方式，支持泛型（几乎）不需要 JVM 或类文件更改。所有工作都在编译器中完成，编译器生成类似于没有泛型（和强制类型转换）时所写的代码，只是更能确保类型安全而已。

泛型的许多最佳例子都来自集合框架，因为泛型可以在保存于集合中的元素上指定类型约束。下面通过对前面例子的改造及一些新的例子来加深读者对泛型的理解。

【例 7-15】 在例 7-3 中加入泛型，以便于对集合的遍历。

```
package Chapter7;
import java.util.ArrayList;
public class Chapter7_3 {
    /**
     ArrayList 综合测试
     */
    public static void main(String[] args) {
        Student stu1=new Student("tom",21);
        Student stu2=new Student("jack",22);
        Student stu3=new Student("rose",32);
        ArrayList<Student> stulist=new ArrayList<Student>();
        stulist.add(stu1);
        stulist.add(stu2);
        stulist.add(stu3);
        int num=stulist.size();
        System.out.println(stulist.size());
        for(int i=0;i<num;i++)
        {
            Student stu=stulist.get(i);//无须再强制类型转换了
            System.out.println(stu);
        }
    }
}
```

程序说明：

泛型是一种强类型集合。强类型集合类中，只能存储指定类型的数据；在强类型集合类中取出数据时，无须进行类型转换处理，如果数据类型不配备，编译时会直接报错；强类型集合并没有引入新的类名，只需在定义原有集合对象时，用尖括号（<>）指明其存储的数据类型名称即可。在该例中引入了泛型“ArrayList<Student> stulist=new ArrayList<Student>();”，经过这样的定义后，stulist 对象中就只能存储学生类的对象了，这样在遍历访问时，就可以直接“Student stu=stulist.get(i);”而无须再进行强制类型转换了，如果想在这种强类型集合中加入其他类型数据，在编译时就会报告错误，如“stulist.add(new Date());”编译器会直接报告类型不匹配错误。读者可以将本例和例 7-3 进行对比。

【例 7-16】 泛型在 HashMap 集合中的使用。

```
package Chapter7;
import java.util.HashMap;
import java.util.Iterator;
import java.util.Set;
public class Chapter7_16 {
    /**
     泛型在 HashMap 集合中的使用
     */
    public static void main(String[] args) {
        HashMap<String,School> map=new HashMap<String,School>();
        School s1=new School("河科大","洛阳");
        School s2=new School("郑大","郑州");
```

```
        School s3=new School("河大","开封");
        map.put("s1", s1);
        map.put("s2",s2);
        map.put("s3", s3);
        Set key=map.keySet();
        Iterator<String> it=key.iterator();
        while(it.hasNext())
        {
            String k=it.next();
            System.out.println(map.get(k).name);
        }   }
}
class School
{
String name;
String address;
public School(String name, String address) {
    this.name = name;
    this.address = address;
}
}
```

运行结果为：

```
郑大
河科大
河大
```

在该例中使用了泛型“HashMap<String,School> map=new HashMap<String,School>();”，这样就规定了 HashMap 的键值对中，键必须是字符串型数据，值必须是 School 类类型。

7.8 应用实例

在本章的内容中，重点介绍了几种常用的集合类型，如 Set、HashMap、ArrayList、LinkedList 等，一种功能强大数据类型的引入往往能在很大程度上简化代码的编写量，提高程序的运行效率。在第 4 章的内容中，我们学习了数组，数组中存储数据的个数必须是确定的，数据类型必须是相同的，这个特点制约了数组作用的发挥，而本章所讲的 ArrayList 等集合类型并不要求元素的个数及元素的类型，所以 ArrayList 能在一定程度上弥补数组的不足，在第 4 章的应用实例中，利用数组解决了一个实战性很强的图书管理系统，因为数组这种数据类型的局限性，使得编程比较复杂，本节将利用集合类型来改造图书管理系统，将图书信息由原来的数组存储改为集合类型存储，这将极大地减少代码的复杂度，实现起来非常简单。

1. 首先 BookFacotory 类需要进行比较大的改动。原来的 BookFactory 中是数组，读者可参照第 4 章应用实例，现在的 BookFactory 仅仅是一个数据模型。代码如下：

```
public class BookFacotory {
    private String name;    //图书名称
    private int state;      //图书状态
```

```
    private Date lenddate;  //借阅时间
    private int count;      //默认库存数量为 1
    private int number;     //借阅次数
    public int getNumber() {
        return number;
    }
    public void setNumber(int number) {
        this.number = number;
    }
    public int getCount() {
        return count;
    }
    public void setCount(int count) {
        this.count = count;
    }
    public BookFacotory(String name, int state,int count) {
        super();
        this.name = name;
        this.state = state;
        this.count=count;
    }
    public String getName() {
        return name;
    }
    public void setName(String name) {
        this.name = name;
    }
    public int getState() {
        return state;
    }
    public void setState(int state) {
        this.state = state;
    }
    public Date getLenddate() {
        return lenddate;
    }
    public void setLenddate(Date lenddate) {
        this.lenddate = lenddate;
    }
    @Override
    public String toString() {
        // TODO Auto-generated method stub
        String str=null;
        String datestr="";
        //Date date=new Date();
        SimpleDateFormat sfd=new SimpleDateFormat("yyyy-MM-dd");
        String time=null;
```

```
        if(this.lenddate!=null)
        time=sfd.format(this.lenddate);
        if(this.state==0)
            str="可借";
        else if(this.state==1)
            str="已借";
        if(this.lenddate==null)
            datestr="";
        else
            datestr=time;//Date
        return this.name+"\t"+str+"\t"+datestr;
    }
}
```

2. 然后在 BookManager 类中，相关代码也要做必要的修改。在该类中，成员变量仅需如下的 ArrayList<BookFacotory> booklist 一个就可以了。这个地方就用到了泛型，并且泛型中的强类型是一个类类型，是泛型的一个进阶运用。

（1）BookManage 中的 initial 方法要做相应的修改。代码如下：

```
public void initial()//
    {
        BookFacotory book1=new BookFacotory("功夫熊猫",0,1);
        BookFacotory book2=new BookFacotory("谍中谍",0,0);
        BookFacotory book3=new BookFacotory("大魔术师",0,5);
        BookFacotory book4=new BookFacotory("失恋 33 天",0,5);
        BookFacotory book5=new BookFacotory("盗梦空间",0,5);
        booklist.add(book1);
        booklist.add(book2);
        booklist.add(book3);
        booklist.add(book4);
        booklist.add(book5);
    }
```

这比运用数组进行数据的初始化要简单多了。

（2）BookManager 中的 showBook 函数也要做修改，原来的函数是对数组的输出显示，现在是对集合的输出显示。代码如下：

```
//查询图书
public void showBook()
{
    int i=1;
    System.out.println("编号\t 名称\t 状态\t 借阅日期");
    for(BookFacotory book:booklist)//for 语句的简化形式
    {
        System.out.print(i+"\t");
        System.out.println(book);
        i++;
    }
}
```

在这段代码中，用到了集合的 for 语句输出方式，for(BookFacotory book:booklist)这种输出方式对集合的输出是非常便利的，对于数组也可以用同样的方法进行输出。

（3）BookManager 中的借书函数 lend。

```
//借阅图书
    public void lend()
    {
        System.out.println("请输入要借阅的 BOOK");
        String bookname=input.next();
        boolean flag=false;
        for(BookFacotory book:booklist)
        {
            if(book.getName().equals(bookname))
        if(book.getCount()>=1)
            {
            flag=true;
            System.out.println("请输入年份");
            int year=input.nextInt();
            System.out.println("请输入月份");
            int month=input.nextInt();
            System.out.println("请输入日");
            int date=input.nextInt();
            book.setCount(book.getCount()-1);
            if(book.getCount()<1)
            book.setState(1);
            Calendar calendar=Calendar.getInstance();
            calendar.set(year, month, date);
            Date lenddate=calendar.getTime();
            book.setLenddate(lenddate);
            System.out.println("借阅成功，请重新选择操作");
            book.setNumber(book.getNumber()+1);
                    }
            else
            System.out.println("BOOK 已经没有库存");
            }
        if(!flag)
        {
            System.out.println("没有这 BOOK");
        }
    }
```

在这里同样用到了功能强大的 for(BookFacotory book:booklist)语句，通过对比可以发现，借书函数如果用集合来实现，代码逻辑将变得更加清晰，代码将变得更加简单。

（4）BookManager 中的还书函数 returnBook。

```
//归还图书
public void returnBook()
{
    System.out.println("请输入要归还的 BOOK");
```

```
    String dvdname=input.next();
    boolean flag=false;
for(BookFacotory dvd :booklist)
{
    if(dvd.getName().equals(dvdname))
    {
    flag=true;
    if(dvd.getCount()<1)
    dvd.setState(0);
    dvd.setCount(dvd.getCount()+1);
    Date date=new Date();
    Date lendate=dvd.getLenddate();
    long start=lendate.getTime();
    long end=date.getTime();
    long interval=(end-start)/(24*60*60*1000);
    System.out.println("归还成功，租金为:"+interval*2+"元");
        }
    }
    if(!flag)
    {
        System.out.println("没有这 BOOK");
    }}
```

在本节，运用集合类对第 4 章应用实例图书管理系统进行改造，可以发现集合类弥补了数组的不足之处，从而使得程序更加容易编写。本节没有给出改造过的完整代码，而是通过对比第 4 章代码，对重点部分加以描述。读者可以根据本节提供的参考代码和第 4 章的相关代码自行编写剩下的部分。

习　　题

一、填空题

1．Collection 接口的特点是元素是________。

2．List 接口的特点是元素________顺序，________重复。

3．Set 接口的特点是元素________顺序，________重复。

4．Map 接口的特点是元素是________，其中________可以重复，________不可以重复。

5．要想获得 Map 中所有的键，应该使用方法________，该方法返回值类型为________。

6．要想获得 Map 中所有的值，应该使用方法________，该方法返回值类型为________。

7．要想获得 Map 中所有的键值对的集合，应该使用方法________，该方法返回一个________类型所组成的 Set。

8．对于 Map 集合，put 方法表示放入一个键值对，如果键已存在，则________，如果键不存在，则________。

二、程序分析题

1．写出下面程序的运行结果。

```
import java.util.*;
public class TestList{
public static void main(String args[]){
List list = new ArrayList();
list.add("Hello");
list.add("World");
list.add("Hello");
list.add("Learn");
list.remove("Hello");
list.remove(0);
for(int i = 0; i<list.size(); i++){
System.out.println(list.get(i));
}
}
}
```

2．有如下代码，写出该代码的输出结果。

```
import java.util.*;
class MyKey{
int keyValue;
public MyKey(){}
public MyKey(int value){this.keyValue = value;}
}
class MyValue{
String value;
public MyValue(){}
public MyValue(String value){this.value = value;}
public String toString(){return value;}
}
public class TestMap{
public static void main(String args[]){
Map map = new HashMap();
MyKey key1 = new MyKey(10);
map.put(key1, new MyValue("abc"));
map.put(new MyKey(10), new MyValue("cde"));
System.out.println(map.get(key1));
System.out.println(map.size());
}
}
```

三、程序设计题

1．已知有一个 Worker 类如下：

```
public class Worker {
private int age;
private String name;
private double salary;
public Worker (){}
public Worker (String name, int age, double salary){
this.name = name;
this.age = age;
this.salary = salary;
```

```
}
public int getAge() {
return age;
}
public void setAge(int age) {
this.age = age;
}
public String getName() {
return name;
}
public void setName(String name) {
this.name = name;
}
public double getSalary(){
return salary;
}
public void setSalary(double salary){
this.salary = salary;
}
public void work(){
System.out.println(name + " work");
}
}
```

完成下面的要求。

（1）创建一个 List，在 List 中增加三个工人，基本信息如下：

```
姓名 年龄 工资
zhang3 18 3000
li4 25 3500
wang5 22 3200
```

（2）在 li4 之前插入一个工人，信息为：姓名—zhao6；年龄—24；工资—3300。

（3）删除 wang5 的信息。

（4）利用 for 循环遍历，打印 List 中所有工人的信息。

（5）利用迭代遍历，对 List 中所有的工人调用 work 方法。

（6）为 Worker 类添加 equals 方法。

2．在前面的 Worker 类基础上，为 Worker 类增加相应的方法，使得 Worker 放入 HashSet 中时，Set 中没有重复元素。并编写相应的测试代码。

3．在前面的 Worker 类基础上，为 Worker 类添加相应的代码，使得 Worker 对象能正确放入 TreeSet 中。并编写相应的测试代码。注：比较时，先比较工人年龄大小，年龄小的排在前面。如果两个工人年龄相同，则再比较其收入，收入少的排在前面。如果年龄和收入都相同，则根据字典顺序比较工人姓名。例如：有三个工人，基本信息如下：

```
姓名 年龄 工资
zhang3 18 1500
li4 18 1500
wang5 18 1600
zhao6 17 2000
```

放入 TreeSet 排序后结果为：zhao6 li4 zhang3 wang5

第8章 异 常 处 理

8.1 异 常 概 述

8.1.1 异常的概念

在进行程序设计时，错误的产生是不可避免的。程序中的错误可分为三类：编译错误、逻辑错误和运行时错误。编译错误是由于没有遵循 Java 语言的语法规则而产生的，这种错误要在编译阶段排除，否则程序不可能运行。逻辑错误是指程序编译正常，也能运行，但结果不是人们所期待的。运行时错误是指程序在运行过程中出现了一个不可能执行的操作，就会出现运行时错误，运行时错误有时也可以由逻辑错误引起。异常处理的主要目的是即使在程序运行时发生了错误，也要保证程序能正常结束，避免由于错误而使正在运行的程序中途停止。

一个好的应用程序，除了具备用户要求的功能外，还要求能预见程序执行过程中可能产生的各种异常，并把处理异常的功能包括在用户程序中。异常处理机制是 Java 语言的重要特征之一。通过异常处理机制，可防止程序执行期间因出现错误而造成不可预料的结果。

例如下面的例 8-1，程序在编译阶段是没有错误的，算法设计也符合逻辑，但读者如果运行就会发现有错误出现。会有“发生异常：java.lang.ArithmeticException: / by zero”的错误提示。

所谓异常，是程序执行期间发生的各种意外或错误。比如：用户输入出错、所需文件找不到、运行时磁盘空间不够、内存不够、算术运算错（数的溢出、被零除等）、数组下标越界等。

异常是在程序运行过程中发生的非正常事件，它发生在程序运行期间，这些事件的发生将阻止程序的正常运行，干扰了正常的指令流程。

【例 8-1】 程序中所出现的算术异常。

```
package chapter8;
/**
  * 这个类生成一个算术异常
  */
class ExceptionRaised {
     /** 构造函数 */
     protected ExceptionRaised() {
     }
    /**
     * 这个方法生成一个异常
     * @param operand1 是除法中的分子
     * @param operand2 是除法中的分母
     * @return 它将返回除法的余数
     */
```

```
    static int calculate(final int operand1, final int operand2) {
        int result = operand1 / operand2;     // 用户自定义方法
        return result;
    }
}
/**
 * 这是main类
 *
 */
public class Chapter8_1 {
    /** 构造函数 */
    protected Chapter8_1() {
    }
    /**
     * 唯一的条目指向类和应用程序的唯一进入点
     * @param args 字符串参数的数组
     */
public static void main(String[] args) {
    ExceptionRaised obj = new ExceptionRaised();
    try {
        /* 定义变量 result 以存储结果 */
        int result = obj.calculate(9, 0);
        System.out.println(result);
    } catch (Exception e) {      // 异常对象
    System.err.println("发生异常:" + e.toString());
    e.printStackTrace();
    }
 }
}
```

8.1.2 异常的分类

在Java程序运行过程中，产生的异常通常有以下三种类型。

（1）Java 虚拟机由于某些内部错误产生的异常，这类异常不在用户程序的控制之内，也不需要用户处理这类异常。

（2）标准异常类，由Java系统预先定义好。这类异常是由程序代码中的错误而产生的，例如，以零为除数的除法、访问数组下标范围以外的数组元素、访问空对象内的信息，这是需要用户程序处理的异常。

（3）根据需要在用户程序中自定义的一些异常类。本章主要来学习标准异常类及自定义异常类。

Java中所有的异常都是用类表示的，在Java中预定义了很多异常类，每个代表了一种类型的运行错误。当程序发生异常时，会生成某个异常类的对象。Java 解释器可以监视程序中发生的异常，如果程序中产生的异常与系统中预定义某个异常类相对应，系统就自动产生一个该异常类的对象，就可以用相应的机制处理异常，确保程序能够安全正常地继续运行。异常对象中含有这种运行错误的信息和异常发生时程序的运行状态。

针对各种类型的异常，Java定义了许多标准异常类，所有的Java异常类都是系统类库中的Exception类的子类，它们分布在java.lang、java.io、java.util和java.net包中。每个异常类对应一种特定的运行错误，各个异常类采用继承的方式进行组织。异常类的层次结构图如图 8-1所示。

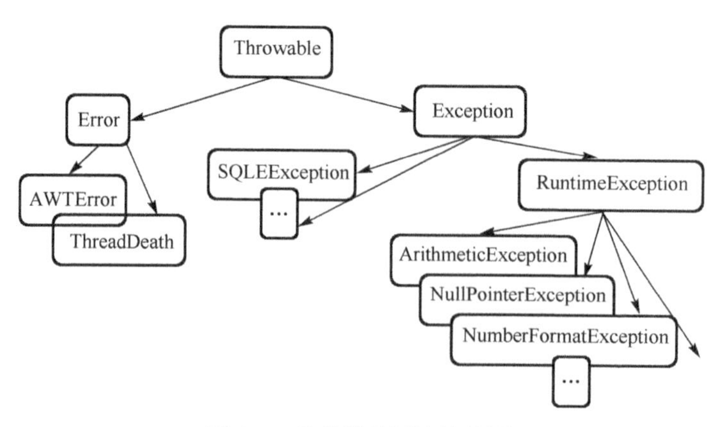

图 8-1 异常类的层次结构图

Throwable类有两个直接子类：Error（致命错误）和Exception（异常）。

Error类型的异常与Java虚拟机本身发生的错误有关，这类异常由Java直接处理，用户程序一般不能做什么，只能等待系统通知用户关闭程序。

用户程序产生的错误由Exception的子类表示。用户程序应该处理这类异常。在Java中，通过API中Throwable类的众多子类描述各种不同的异常。

8.2 异常处理机制

在Java应用程序中，异常处理机制为——抛出异常，捕获异常。

（1）抛出异常：当一个方法出现错误引发异常时，方法创建异常对象并交付运行时系统，异常对象中包含了异常类型和异常出现时的程序状态等异常信息。运行时系统负责寻找处置异常的代码并执行。

（2）捕获异常：在方法抛出异常之后，运行时系统将转为寻找合适的异常处理器（Exception Handler）。潜在的异常处理器是异常发生时依次存留在调用栈中的方法的集合。当异常处理器所能处理的异常类型与方法抛出的异常类型相符时，即为合适的异常处理器。运行时系统从发生异常的方法开始，依次回查调用栈中的方法，直至找到含有合适异常处理器的方法并执行。当运行时系统遍历调用栈而未找到合适的异常处理器，则运行时系统终止。同时，意味着Java程序的终止。

对于运行时异常、错误或可查异常，Java技术所要求的异常处理方式有所不同。由于运行时异常的不可查性，为了更合理、更容易地实现应用程序，Java规定，运行时异常将由Java运行时系统自动抛出，允许应用程序忽略运行时异常。对于方法运行中可能出现的Error，当运行方法不欲捕获时，Java允许该方法不做任何抛出声明。因为，大多数Error异常属于永远不能被允许发生的状况，也属于合理的应用程序不该捕获的异常。对于所有的可查异常，Java规定：一个方法必须捕获，或者声明抛出方法之外。也就是说，当一个方法选择不捕获可查异常时，它必须声明将抛出异常。能够捕获异常的方法，需要提供相符类型的异常处理器。所捕获的异常，可能是由于自身语句所引发并抛出的异常，也可能是由某个调用的方法或Java运行时系统等抛出的异常。也就是说，一个方法所能捕获的异常，一定是Java代码在某处所抛出的异常。简单地说，异常总是先被抛出，后被捕获的。

8.2.1 try-catch-finally 语句捕获异常

在Java中，异常通过try-catch语句捕获。其一般语法形式为：

```
try  {
   //在此区域内或能发生异常； }
catch(异常类1  e1)
 { //处理异常 1; }
    …
catch(异常类n  en)
 { //处理异常 n; }
[finally
   {//不论异常是否发生,都要执行的部分; }]
```

语法结构说明：

①必须在try之后添加catch或finally块。try块后可同时接catch和finally块，但至少有一个块。

②必须遵循块顺序：若代码同时使用catch和finally块，则必须将catch块放在try块之后。

③catch块与相应的异常类的类型相关。

④一个try块可能有多个catch块。若如此，则执行第一个匹配块。即Java虚拟机会把实际抛出的异常对象依次和各个catch代码块声明的异常类型匹配，如果异常对象为某个异常类型或其子类的实例，就执行这个catch代码块，不会再执行其他的catch代码块。

⑤可嵌套try-catch-finally结构。

⑥在try-catch-finally结构中，可重新抛出异常。

【例8-2】 try…catch语句基本语法测试。

```
package chapter8;
import java.util.Scanner;
public class Chapter8_2 {
    /**
     输入异常测试
     */
    public static void main(String[] args) {
        Scanner input=new Scanner(System.in);
        int num=0;
        try {
            num=input.nextInt();
        } catch (Exception e) {
            // TODO Auto-generated catch block
            System.out.print("输入的不是整数");
        }
```

```
        finally
        {
            System.out.print("总是被执行");
        }
                System.out.print(num);
    }
}
```

如果输入一个整数 2，则程序将输出：总是被执行 2，但如果输入一个字符或字符串，则程序将输出“输入的不是整数总是被执行 0”，这说明如果输入的不是整数，“num=input.nextInt();”将不被执行。

而 finally 里面的语句总是被执行的。

try、catch、finally 语句块的执行顺序如下。

①当 try 没有捕获到异常时：try 语句块中的语句逐一被执行，程序将跳过 catch 语句块，执行 finally 语句块和其后的语句。

②当 try 捕获到异常时，catch 语句块中有处理此异常的情况：在 try 语句块中是按照顺序来执行的，当执行到某一条语句出现异常时，程序将跳到 catch 语句块进行执行，try 语句块中，出现异常之后的语句也不会被执行，catch 语句块执行完后，执行 finally 语句块中的语句，最后执行 finally 语句块后的语句。

上面所说的执行顺序是 try 后面只跟一个 catch 语句的情况，如果 try 后面跟多个 catch 语句将是一种什么情况呢？先来看下面这个例子。

【例 8-3】 catch 语句的放置顺序。

```
package chapter8;
public class Chapter8_3 {
    public static void main(String[] args) {
        try {
                int num = 0;
                int num1 = 42 / num;
            } catch (Exception e) {
                System.out.println("父类异常 catch 子句");
            } catch (ArithmeticException ae) {  // 错误 - 不能到达实现的代码
                System.out.println("这个子类的父类是属于exception 类，且不能到达实现");
            }    }
}
```

如果 catch 语句以这样的顺序，第二个 catch 语句将会有语法错误出现，而错误的信息就是，该 catch 语句将不能到达实现。因为 ArithmeticException 类是 Exception 的子类。所以在处理 catch 语句的顺序时，要把子类放到前面，父类放到后面。

【例 8-4】 多个 catch 语句的执行顺序。

```
package chapter8;
import java.util.InputMismatchException;
import java.util.Scanner;
public class Chapter8_4 {
    /**
    多个 catch 语句
```

```
    */
    public static void main(String[] args) {

    Scanner input=new Scanner(System.in);
        int num=0;
        try {
                num = input.nextInt();
                int num1 = 42 / num;

            } catch (ArithmeticException ae) {  // 错误 - 不能到达实现的代码
                System.out.println("算术异常");
                  }
        catch (InputMismatchException e) {

                System.out.println("输入异常");
            }
    finally
        {
          System.out.println("总是执行");
        }
    }
}
```

输入0，输出“算术异常/总是执行”。

输入“a”，输出“输入异常/总是执行”。

③ 当try捕获到异常，catch语句块中有处理此异常的情况：在try语句块中是按照顺序来执行的，当执行到某一条语句出现异常时，程序将跳到catch语句块，并与catch语句块逐一匹配，找到与之对应的处理程序，其他的catch语句块将不会被执行，而try语句块中，出现异常之后的语句也不会被执行，catch语句块执行完后，执行finally语句块中的语句，最后执行finally语句块后的语句。

8.2.2 异常抛出

异常抛出语句有两种，即throws和throw，其中throws语句用于在方法头抛出异常，throw用于在方法体内抛出异常，也就是针对某一条语句的异常抛出。

throws语句的语法格式为：

```
methodname throws Exception1,Exception2,ExceptionN
```

方法名后的“throws Exception1,Exception2, ExceptionN”为声明要抛出的异常列表。在执行该方法的过程中，如果出现了由throws列出的异常，则可以抛出异常，并在程序中寻找处理这个异常的代码；如果程序中没有给出处理异常的代码，则把异常交给Java运行系统默认的异常处理代码进行处理。

【例8-5】 throws语句抛出异常。

```
package chapter8;
public class Chapter8_5 {
    public static void main(String[] args) throws ArithmeticException,
```

```
                ArrayIndexOutOfBoundsException
        {
            int a=4,b=0,c[]={1,2,3,4,5};
            System.out.println(a/b);
            System.out.println(c[a+1]);
            System.out.println("end");
        }
    }
```

由例 8-5 可以看到，如果一个方法可能抛出多个必检异常，那么必须在方法的声明部分一一列出，多个异常间使用逗号进行分隔。一个方法必须通过 throws 语句在方法的声明部分说明它可能抛出而并未捕获的所有的“必检异常”，如果没有这么做，将不能通过编译。值得注意的是：如果在子类中覆盖了父类的某一方法，那么该子类方法不可以比被其覆盖的父类方法抛出更多的异常（但可以更少）。所以，如果被覆盖父类的方法没有抛出任何的“必检异常”，那么子类方法绝不可能抛出“必检异常”。

throw 语句的语法格式为：

```
throw  异常类对象名或(new 异常类名());
```

如果需要在方法内某个位置抛出异常，可以使用 throw 语句。执行 throw 语句时，程序将终止执行后面的语句，在程序中寻找处理异常的代码；如果程序中没有给出处理代码，则把异常交给 Java 运行系统处理。

【例 8-6】 throw 语句抛出异常。

```
package chapter8;
public class Chapter8_6 {
    /**
     throw 语句抛出异常
     */
    public static void main(String[] args) {
        ArithmeticException e=new ArithmeticException();
          int num1=20,num2=0;
          System.out.println("异常处理");
            if(num2==0) throw e;
             System.out.println(num1/num2);
    }
}
```

throw 语句一般和 if 语句配合使用，如果满足某个条件，则将进行异常处理，如例 8-6 所示。

8.2.3 自定义异常

尽管 Java 提供了很多异常类，但用户还是可以根据需要定义自己的异常类，即创建自定义异常类。

说明：

（1）用户自定义的异常类必须是 Throwable 类或 Exception 类的子类。

（2）自定义的异常类，一般只要声明两个构造方法，一个是不用参数的，另一个以字符串为参数。作为构造方法参数的字符串应当反映异常的信息。

自定义异常类的语法格式：

```
class MyException extends Exception{
   …
}
```

【例 8-7】 自定义异常类举例说明。

```
class ArraySizeException extends NegativeArraySizeException {
    ArraySizeException() {
        super("你传递了非法的数组长度");
    }
}
class ExceptionClass {
    ExceptionClass(int val) {
        size = val;
        try {
            checkSize();
        } catch (ArraySizeException e) {
            System.out.println(e);
        }
    }
    /** 声明变量以存储数组的大小和元素 */
    private int size;
    private int[] array;
    public void checkSize() throws ArraySizeException {
        if (size < 0) {
            throw new ArraySizeException();
        }
        array = new int[3];
        for (int count = 0; count < 3; count++) {
            array[count] = count + 1;
        }
    }
}
class Chapter8_7 {
    protected Chapter8_7() {
    }
    public static void main(String[] arg) {
        ExceptionClass obj = new ExceptionClass(Integer.parseInt(arg[0]));
    }
}
```

由例 8-7 可以看到，用户定义的异常同样要用 try-catch 捕获，但必须由用户自己抛出 throw new MyException()。

8.3 应 用 实 例

异常捕获 try-catch 语句的执行顺序和 if-else 语句是比较接近的，如果没有异常，则执行 try 后面所跟的语句，若有异常，则执行 catch 后面的语句，好像这种结构也是一种选择结构，但实际上这两种语句的执行是不同的，try-catch 是用于防止程序出现崩溃而不能处理的。当程序估计可能会出现某种导致崩溃的情况时可以用这个语句。try 后面的是运行的代码，catch 后面的是崩溃的类型。if-else 是用于条件判断的。

在本节的应用实例中，将介绍一个模拟登录、注册及抽奖的程序，在该程序的输入判断中将会用到异常捕获。

【例 8-8】 运用异常捕获的知识，实现模拟登录注册游戏。

```
import java.util.Scanner;
public class Demo {
    static Scanner input=new Scanner(System.in);
    static String username;
    static String pwd;
    static boolean reg=false;         //注册标记
    static boolean login=false;       //登录标记
    /**
     * 主函数
         */
    public static void main(String[] args) {
        String flag="y";
        do
        {
            showMenu();
            System.out.println("输入 y 继续操作");
            flag=input.next();
            if(!"y".equals(flag))
            {
                System.out.println("输入代码有误!");
            }
        }while("y".equals(flag));
    }
    /**
     * 显示系统菜单
         */
    public static void showMenu()
    {
        System.out.println("*****欢迎登录*****");
        System.out.println("\t1:注册");
        System.out.println("\t2:登录");
        System.out.println("*****************");
        System.out.println("输入操作代码");

            try {//异常捕获部分
                int num=input.nextInt();
                switch(num)
                {
                case 1:
                    reg();
                    break;
                case 2:
```

```
                login();
                break;
            default:
                System.out.println("输入操作代码有误");
            }
        } catch (Exception e) {
            input.next();
            System.out.println("输入操作代码有误");
        }
}
/**
 * 注册
     */
public static void reg()
{
    System.out.println("*****注册*****");
    System.out.println("输入注册名:");
    username=input.next();
    System.out.println("输入密码:");
    pwd=input.next();
    int member=(int)(Math.random()*9000+1000);
    reg=true;
    System.out.println("注册成功!");
    System.out.println("用户名:"+username+"密码:"+pwd+"会员号:"+member);
}
/**
 *登录
     */
public static void login()
{
    if(reg)
    {
        System.out.println("*****登录*****");
        for (int i = 0; i < 3; i++) {
            System.out.println("输入用户名:");
            String username2=input.next();
            System.out.println("输入密码:");
            String pwd2=input.next();
            if(username2.equals(username)&&pwd2.equals(pwd))
            {
                System.out.println("登录成功");
                login=true;
                break;
            }
            else
            {
                System.out.println("还剩"+(2-i)+"次登录机会");
            }
        }
    }
```

```
        else
        {
            System.out.println("请先注册!");
        }
    }
}
```

习　　题

一、选择题

1．请问所有的异常类皆继承哪一个类？（　　）

A．java.lang.Throwable　　B．java.lang.Exception

C．java.lang.Error　　D．java.io.Exception

2．哪个关键字可以抛出异常？（　　）

A．transient　　B．throw　　C．finally　　D．catch

3．对于已经被定义过可能抛出异常的语句，在编程时（　　）。

A．必须使用 try-catch 语句处理异常，或用 throw 将其抛出

B．如果程序错误，必须使用 try-catch 语句处理异常

C．可以置之不理

D．只能使用 try-catch 语句处理

4．下面程序段的执行结果是（　　）。

```
public class Foo{
  public static void main(String[] args){
    try{
        return;}
        finally{System.out.println("Finally");
    }
  }
}
```

A．编译能通过，但运行时会出现一个例外

B．程序正常运行，并输出“Finally”

C．程序正常运行，但不输出任何结果

D．因为没有 catch 语句块，所以不能通过编译

5．下面的方法是一个不完整的方法，其中的方法 unsafe()会抛出一个 IOException，那么在方法的①处应加入哪条语句，才能使这个不完整的方法成为一个完整的方法？（　　）

① ______________________

② { if(unsafe())　{//do something…}

③ 　else　if(safe())　{//do the other…}

④ }

A．public IOException methodName()

B．public void methodName() throw IOException

C．public void methodName()

D．public void methodName() throws IOException

E．public void methodName() throws Exception

6．如果下列的方法能够正常运行，在控制台上将显示什么？（　　）

```
public void example( ){
  try{
      unsafe();
      System.out.println("Test1");
     }
  catch(SafeException e)
     {System.out.println("Test 2");}
  finally{System.out.println("Test 3");}
  System.out.println("Test 4");
}
```

A．Test 1　　　B．Test 2　　　C．Test 3　　　D．Test 4

二、简答题

1．什么是异常？简述 Java 的异常处理机制。

2．系统定义的异常与用户自定义的异常有何不同？如何使用这两类异常？

3．在 Java 的异常处理机制中，try 程序块、catch 程序块和 finally 程序块各起什么作用？try-catch-finally 语句如何使用？

4．说明 throws 与 throw 的作用。

三、程序填空

```
public class ServerTimedOutException extends Exception {
    private int port;
    public ServerTimedOutException(String message, int port) {
          super(message);
          this.port = port;
      }
    public int getPort() {
          return port;
} }
class Client {// 在下行横线处填上声明抛弃 ServerTimedOutException 例外的语句
public void connectMe(String serverName) ______________________ {
    int success;
    int portToConnect = 80;
    success = open(serverName, portToConnect);
    if (success == -1) {
// 在下行横线处填上抛出 ServerTimedOutException 例外的语句
    ________________________________________
        }}
    private int open(String serverName, int portToConnect) {
          return 0;
    }}
```

第 9 章 常 用 类

9.1 基本数据类型类

9.1.1 数据类型类简介

Java 是一种纯粹的面向对象的语言，在 Java 中，一切都应该是类。因此，Java.lang 包中还定义了 Java 的 8 种基本数据类型对应的包装类，如表 9-1 所示。使用包装类，可以使得基本类型的数据充分享受到面向对象的优势。

表 9-1 8 种基本数据类型对应的包装类

基本数据类型	包装类	基本数据类型	包装类
int	Integer	double	Double
char	Character	byte	Byte
long	Long	short	Short
float	Float	boolean	Boolean

这些包装类的方法和属性大同小异，下面以常用的 Integer 和 Double 类为例，说明这些类的常用方法和属性。

1. Integer 类

Integer 类是基本类型 int 类型的包装类。该类提供了多个方法，能在 int 类型和 String 类型之间互相转换，还提供了处理 int 类型时非常有用的其他方法。

（1）属性

static int MAX_VALUE：返回最大的整型数；

static int MIN_VALUE：返回最小的整型数；

static Class TYPE：返回当前类型。

```
System.out.println("Integer.MAX_VALUE: " + Integer.MAX_VALUE );
```

结果为：

```
Integer.MAX_VALUE: 2147483647
```

（2）构造方法

Integcr(int value)：通过一个 int 类型的变量构造对象；

Integer(String s)：通过一个 String 的类型构造对象。

例如：

```
Integer i = new Integer("1234");
```

生成了一个值为 1234 的 Integer 对象。

（3）常用方法

①byteValue()：取得用 byte 类型表示的整数。

②int compareTo(Integer anotherInteger)：比较两个整数。相等时返回 0；小于时返回负数；大于时返回正数。

例如：

```
Integer i = new Integer(1234);
System.out.println("i.compareTo: " + i.compareTo(new Integer(123)) );
```

结果为：

```
i.compareTo: 1
```

③int compareTo(Object o)：将该整数与其他类进行比较。如果 o 也为 Integer 类，进行 int compareTo(Integer another Integer)方法的操作；否则，抛出 ClassCastException 异常。

④int intValue()：返回该整型数所表示的整数。

⑤long longValue()：返回该整型数所表示的长整数。

⑥static int parseInt(String s)：将字符串转换成整数。s 必须是十进制数组成的，否则抛出 NumberFormatException 异常。

⑦static int parseInt(String s, int radix)：使用第二个参数指定的基数，将字符串参数解析为有符号的整数。

例如：

```
String s1 = new String("1010");
System.out.println("Integer.parseInt(String s, int radix): " +
            Integer.parseInt(s1,2) );
```

结果为：

```
Integer.parseInt(String s, int radix): 10
```

⑧short shortValue()：返回该整型数所表示的短整数。

⑨static String toBinaryString(int i)：将整数转换为二进制数的字符串。

⑩static String toHexString(int i)：将整数转换为十六进制数的字符串。

⑪static String toOctalString(int i)：将整数转换为八进制数的字符串。

⑫String toString()：将该整数类型转换为字符串。

⑬static String toString(int i)：将该整数类型转换为字符串。不同的是，此为类方法。

⑭static String toString(int i, int radix)：将整数 i 以基数 radix 的形式转换成字符串。

例：

```
int i1 = 54321;
System.out.println("Integer.toString(int i, int radix): " + Integer.toString(i1,16));
```

结果为：

```
Integer.toString(int i, int radix): d431
```

2. Double 类

Double 类在对象中包装一个基本类型 double 的值。每个 Double 类型的对象都包含一个 double 类型的字段。

（1）属性

static int MAX_EXPONENT：有限 double 变量可能具有的最大指数；

static double MAX_VALUE：保存 double 类型的最大正有限值的常量，最大正有限值为 $(2-2^{-52})\cdot 2^{1023}$。

（2）构造方法

Double(double value)：构造一个新分配的 Double 对象，它表示基本的 double 参数；

Double(String s)：构造一个新分配的 Double 对象，表示用字符串表示的 double 类型的浮点值。

（3）常用方法

①byte byteValue()：以 byte 形式返回此 Double 的值（通过强制转换为 byte）。

②static int compare(double d1, double d2)：比较两个指定的 double 值。

③int compareTo(Double anotherDouble)：对两个 Double 对象所表示的数值进行比较。

④static long doubleToLongBits(double value)：根据 IEEE 754 浮点双精度格式（“double format”）位布局，返回指定浮点值的表示形式。

⑤static long doubleToRawLongBits(double value)：根据 IEEE 754 浮点“双精度格式”位布局，返回指定浮点值的表示形式，并保留 NaN 值。

⑥double doubleValue()：返回此 Double 对象的 double 值。

⑦boolean equals(Object obj)：将此对象与指定对象比较。

⑧float floatValue()：返回此 Double 对象的 float 值。

⑨int hashCode()：返回此 Double 对象的哈希码。

⑩int intValue()：以 int 形式返回此 Double 的值（通过强制转换为 int 类型）。

⑪boolean isInfinite()：如果此 Double 值在数值上为无穷大，则返回 true，否则返回 false。

⑫static boolean isInfinite(double v)：如果指定数在数值上为无穷大，则返回 true，否则返回 false。

⑬boolean isNaN()：如果此 Double 值是非数字（NaN）值，则返回 true，否则返回 false。

⑭static boolean isNaN(double v)：如果指定的数是一个 NaN 值，则返回 true，否则返回 false。

⑮static double longBitsToDouble(long bits)：返回对应于给定位表示形式的 double 值。

⑯long longValue()：以 long 形式返回此 Double 的值（通过强制转换为 long 类型）。

⑰static double parseDouble(String s)：返回一个新的 double 值，该值被初始化为用指定 String 表示的值，这与 Double 类的 valueOf 方法一样。

⑱short shortValue()：以 short 形式返回此 Double 的值（通过强制转换为 short）。

⑲static String toHexString(double d)：返回 double 参数的十六进制字符串表示形式。

⑳String toString()：返回此 Double 对象的字符串表示形式。

㉑static String toString(double d)：返回 double 参数的字符串表示形式。

㉒static Double valueOf(double d)：返回表示指定的 double 值的 Double 实例。

㉓static Double valueOf(String s)：返回保存用参数字符串 s 表示的 double 值的 Double 对象。

9.1.2 自动装箱和自动拆箱

自动装箱和拆箱从 Java 1.5 开始引入，目的是将原始类型值自动地转换成对应的对象。自动装箱与拆箱的机制可以让我们在Java的变量赋值或方法调用等情况下使用原始类型或对象类型更加简单直接。在Java 1.5下编程不能直接地向集合（Collections）中放入原始类型值，因为集合只接收对象。通常将这些原始类型的值转换成对象，然后将这些转换的对象放入集合中。使用Integer、Double等这些类可以将原始类型值转换成对应的对象，但是从某些程度可能使得代码不是那么简洁精炼。为了让代码简练，Java 1.5引入了具有在原始类型和对象类型自动转换的装箱和拆箱机制。但是自动装箱和拆箱并非完美，在使用时需要有一些注意事项，如果没有搞明白自动装箱和拆箱，可能会引起难以察觉的bug。

自动装箱就是Java自动将原始类型值转换成对应的对象，如将int的变量转换成Integer对象，这个过程叫做装箱，反之将Integer对象转换成int类型值，这个过程叫做拆箱。因为这里的装箱和拆箱是自动进行的非人为转换，所以就称为自动装箱和拆箱。

原始类型对应的封装类如表9-2所示。

表9-2 原始类型对应的封闭类

原始类型	封闭类
int（4字节）	Integer
byte（1字节）	Byte
short（2字节）	Short
long（8字节）	Long
float（4字节）	Float
double（8字节）	Double
char（2字节）	Character
boolean（未定）	Boolean

在Java SE5之前，如果要生成一个数值为10的Integer对象，必须这样进行："Integer i = new Integer(10);"。而从Java SE5开始就提供了自动装箱的特性，如果要生成一个数值为10的Integer对象，只需要这样就可以了："Integer i =10;"。这个过程中会自动根据数值创建对应的Integer对象，这就是装箱。而下面的代码就是拆箱，顾名思义，跟装箱对应，就是自动将包装器类型转换为基本数据类型。

```
Integer i = 10;       //装箱
int n = i;            //拆箱
```

自动装箱和拆箱在Java中很常见，比如我们有一个方法，接收一个对象类型的参数，如果我们传递一个原始类型值，那么Java会自动将这个原始类型值转换成与之对应的对象。最经典的一个场景就是当我们向ArrayList这样的容器中增加原始类型数据或者创建一个参数化的类时，比如下面的例子。

```
ArrayList<Integer> intList = new ArrayList<Integer>();
intList.add(1);      //自动装箱
intList.add(2);      //自动装箱
ThreadLocal<Integer> intLocal = new ThreadLocal<Integer>();
intLocal.set(4);     //自动装箱
int number = intList.get(0);     //自动拆箱
int local = intLocal.get();      //自动拆箱
```

自动装箱主要发生在两种情况：一种是赋值时；另一种是在方法调用时。下面分别进行说明。

（1）赋值时的自动装箱

这是最常见的一种情况，在Java 1.5以前需要手动地进行转换，而现在所有的转换都是由编译器来完成的。

```
//自动装箱前
Integer iObject = Integer.valueOf(3);
Int iPrimitive = iObject.intValue()
```

```
//自动装箱后
Integer iObject = 3;        //autobxing - primitive to wrapper conversion
int iPrimitive = iObject;   //unboxing - object to primitive conversion
```

（2）方法调用时的自动装箱

这是另一种常用的情况，在方法调用时，可以传入原始数据值或对象，同样编译器会帮我们进行转换。

```
public static Integer show(Integer iParam){
   System.out.println("autoboxing example - method invocation i: " + iParam);
   return iParam;
}
//方法中的自动装箱
show(3); //自动装箱
int result = show(3);
```

show 方法接收 Integer 对象作为参数，当调用 show(3)时，会将 int 值转换成对应的 Integer 对象，这就是所谓的自动装箱，show 方法返回 Integer 对象，而“int result = show(3);”中 result 为 int 类型，所以这时发生自动拆箱操作，将 show 方法的返回的 Integer 对象转换成 int 值。

自动装箱有一个问题，那就是在一个循环中进行自动装箱操作的情况，如下面的例子就会创建多余的对象，影响程序的性能。

```
Integer sum = 0;
  for(int i=1000; i<5000; i++){
    sum+=i;
}
```

上面的代码 sum+=i 可以看成 sum = sum + i，但是+这个操作符不适用于 Integer 对象，首先 sum 进行自动拆箱操作，进行数值相加操作，最后发生自动装箱操作转换成 Integer 对象。其内部变化如下：

```
sum = sum.intValue() + i;
Integer sum = new Integer(result);
```

由于这里声明的 sum 为 Integer 类型，在上面的循环中会创建近 4000 个无用的 Integer 对象，这样庞大的循环会降低程序的性能并且加重了垃圾回收的工作量。因此在编程时需要注意到这一点，正确地声明变量类型，避免因为自动装箱引起的性能问题。

9.1.3 数字和字符串的转换

数字和字符串的相互转换在编程中经常用到，有时需要把数字转换成字符串以方便输出，有时需要把字符串转换成数字以方便计算。下面对它们的相互转换进行详细说明。

1. 数字转换成字符串

数字转换成字符串一般有两种方法。

方法 1：

```
String str=String.valueOf(number); //其中 number 为数字型数据
```

在方法 1 中，实际上就是使用了字符串类的 valueOf()函数。

方法2：

```
String str=number+" ";                    //其中number为数字型数据
```

在方法2中，实际上就是让数字型数据number加上一个空的字符串。

2. 字符串转换成数字

每种数字类型都提供了一个转换字符串为该数字的parseXXX方法。字符串转换成数字主要就是依赖这个方法。

```
String str = "200";
byte b = Byte.parseByte(str);
short t = Short.parseShort(str );
int i = Integer.parseInt(str);
long l = Long.parseLong(str);
Float f = Float.parseFloat(str);
Double d = Double.parseDouble(str);
```

9.2 Math 类和 Random 随机数类

9.2.1 Math 类

在编写程序时，可能需要计算一个数的平方根、绝对值，获取一个随机数等。java.lang包中的 Math 类包含了许多用来进行科学计算的类方法，这些方法可以直接通过类名调用。Math类中包括的数学函数如表9-3所示。

表9-3 Math类中包括的数学函数

绝对值	abs(a)，这里a可以是int、long、float和double
三角函数	sin(a)、cos(a)、tan(a)等
乘方	pow(a,b)，a的b次方
自然对数	log(a)，以e为底的对数
开方	sqrt(a)，求a的平方根
随机数	random() [0.0, 1.0)，不小于0.0小于1.0的数

这些都是静态（static）的方法，用Math.XXX()直接调用，另外它还提供了两个常数e和π Math.E、Math.PI。

【例9-1】 Math类测试程序。

```
package Chapter9;
public class Chapter9_1 {
    /**
     数学类测试
     */
    public static void main(String[] args) {
        System.out.println("sin(π/4) is " + Math.sin(Math.PI/4.0));
        System.out.println("2的4次方是 " + Math.pow(2,4));
        System.out.println("以e为底的e的对数是 " + Math.log(Math.E));
```

```
        System.out.println("81 的平方根是 " + Math.sqrt(81));
    }
}
```

运行结果为：

```
sin(π/4) is 0.7071067811865475
2 的 4 次方是 16.0
以 e 为底的 e 的对数是 1.0
81 的平方根是 9.0
```

【例 9-2】 Math 类中随机函数的应用。

```
package Chapter9;
public class Chapter9_2 {
    /**
     产生一个 1~100 之间的随机数
     */
    public static void main(String[] args) {
        int rand=(int)(Math.random()*100)+1;
        System.out.println(rand);
    }
}
```

Math 类中 random()函数产生随机数的范围是[0.0.1.0)，这个范围包含 0，不包含 1，并且产生的随机数是一个 double 型的数据。所以如果想产生一个 1～100 之间的数，就需要对 random()进行相关处理。

随机函数的产生在程序编写中经常用到，除了可以利用 Math 类的 random()函数来产生随机数外，也可以使用 java.util 包中的 Random 类来产生。

9.2.2 Random 类

Random 类中常用的方法如表 9-4 所示。

表 9-4 Random 类中常用的方法

public void nextBytes(byte[] bytes)	生成随机字节，并将其置于用户提供的字节数组中
public int nextInt()	生成 int 类型所表示的范围中的随机数
public int nextInt(int n)	生成 0～n(不含 n)的随机数
public long nextLong()	生成在 long 类型所表示的范围中的随机数
public float nextFloat()	生成 0.0f～1.0f(不含)之间的随机 float 数
public double nextDouble()	生成 0.0～1.0(不含)之间的随机 double 数

【例 9-3】 利用 Random 类的方法产生一个 1～100 范围内的随机数。

```
package Chapter9;
import java.util.Random;
public class Chapter9_3 {
    /**
     产生一个 1~100 的随机数
     */
    public static void main(String[] args) {
        Random rd=new Random();
        int rand=rd.nextInt(100)+1;
```

```
        System.out.println(rand);
    }}
```

该例中利用 Random 类的 nextInt(int n)函数来产生随机数，该函数生成 0～n（不含 n）的随机整数，使用起来非常方便。

【例 9-4】 Random 类常用函数测试。

```
package Chapter9;
import java.util.Random;
public class Chapter9_4 {
    /**
     Random 类函数测试
     */
    public static void main(String[] args) {
        Random num1=new Random();
        Random num2=new Random(100);
        //创建了两个类 Random 的对象
        System.out.println(" Integer:"+num1.nextInt());
        System.out.println(" Long:"+num1.nextLong());
        System.out.println(" Float:"+num1.nextFloat());
        System.out.println(" Double:"+num1.nextDouble());
        System.out.println(" Gaussian:"+num1.nextGaussian());
        for(int i=0;i<5;i++)
        {
        System.out.println(num2.nextInt()+" ");
        if(i==2) System.out.println();
        //产生同种类型的不同的随机数
        }
    }
    }
```

运行结果为：

```
Integer:1048152110
Long:4152050011990073605
Float:0.7375196
Double:0.4849214296394665
Gaussian:0.49608090761337026
-1193959466
-1139614796
837415749
-1220615319
-1429538713
```

9.3 日期时间类

Java 语言的 Date（日期）类、Calendar（日历）类和 DateFormat（日期格式）类组成了 Java 标准的一个基本但非常重要的部分。日期是商业逻辑计算一个关键的部分。所有的开发者都应该能够计算未来的日期，定制日期的显示格式，并将文本数据解析成日期对象。

9.3.1 Date 类

在 JDK 1.0 中，Date 类是唯一的代表时间的类，但是由于 Date 类不便于实现国际化，所以从 JDK 1.1 版本开始，推荐使用 Calendar 类进行时间和日期处理。这里通过几个例子简单介绍 Date 类的使用。

【例 9-5】 使用 Date 类输出当前系统时间。

```
package Chapter9;
import java.util.Date;
public class Chapter9_5 {
    /**
     使用 Date 类输出当前系统时间
     */
    public static void main(String[] args) {
        Date d = new Date();
     System.out.println(d);
    }
}
```

使用 Date 类的默认构造方法创建出的对象就代表当前时间，由于 Date 类覆盖了 toString 方法，所以可以直接输出 Date 类型的对象，显示的结果如下：Sat Feb 28 13:49:21 CST 2015。在该格式中，Sun 代表 Sunday（周日），Mar 代表 March（三月），08 代表 8 号，CST 代表 China Standard Time（中国标准时间，也就是北京时间（东八区））。

【例 9-6】 使用 Date 类代表指定的时间。

```
package Chapter9;
import java.util.Date;
public class Chapter9_6 {
    /**
     使用 Date 类代表指定的时间
     */
    public static void main(String[] args) {
        Date d1 = new Date(2009-1900,3-1,9);
      System.out.println(d1);
    }
}
```

使用带参数的构造方法可以构造指定日期的 Date 类对象，Date 类中年份的参数应该是实际需要代表的年份减去 1900、实际需要代表的月份减去 1 以后的值。例如，上面的示例代码代表就是 2009 年 3 月 9 号。

【例 9-7】 获得 Date 对象中的信息。

```
package Chapter9;
import java.util.Date;
public class Chapter9_7 {
    /**
     获得 Date 对象中的信息
     */
```

```
    public static void main(String[] args) {
        Date d2 = new Date();                   //年份
        int year = d2.getYear() + 1900;         //月份
        int month = d2.getMonth() + 1;          //日期
        int date = d2.getDate();                //小时
        int hour = d2.getHours();               //分钟
        int minute = d2.getMinutes();           //秒
        int second = d2.getSeconds();           //星期几
        int day = d2.getDay();
        System.out.println("年份:" + year);
        System.out.println("月份:" + month);
        System.out.println("日期:" + date);
        System.out.println("小时:" + hour);
        System.out.println("分钟:" + minute);
        System.out.println("秒:" + second);
        System.out.println("星期:" + day);
    }
}
```

使用 Date 类中对应的 get 方法，可以获得 Date 类对象中相关的信息，需要注意的是，使用 getYear 获得是 Date 对象中年份减去 1900 以后的值，所以若需要显示对应的年份，则需要在返回值的基础上加上 1900，月份类似。在 Date 类中还提供了 getDay 方法，用于获得 Date 对象代表的时间是星期几，Date 类规定周日是 0，周一是 1，周二是 2，后续的以此类推。

从上面的这些例子中，我们可以对 Date 类有一个简单的了解，同时从上面的这些例子中也看到了 Date 类的局限性，并且 Date 的很多函数如 getMinutes()、getSeconds()等已经是一些过时的函数了。下面介绍另外一个使用更方便、功能更强大的 Calendar 类。

9.3.2　Calendar 类

从 JDK 1.1 版本开始，在处理日期和时间时，系统推荐使用 Calendar 类进行实现。在设计上，Calendar 类的功能要比 Date 类强大很多，而且在实现方式上也比 Date 类要复杂一些，下面就介绍 Calendar 类的使用。

Calendar 类是一个抽象类，在实际使用时实现特定的子类的对象，创建对象的过程对程序员来说是透明的，只需要使用 getInstance 方法创建即可。下面通过几个例子来对 Calendar 的应用进行说明。

1．使用 Calendar 输出当前时间及 Calendar 和 Date 类的转换。

【例 9-8】 使用 Calendar 输出当前时间。

```
package Chapter9;
import java.util.Calendar;
import java.util.Date;
public class Chapter9_8 {
    /**
     使用 Calendar 输出当前时间
     */
    public static void main(String[] args) {
        Calendar c = Calendar.getInstance();
```

```
        Date d=c.getTime();
        System.out.println(d);
    }
}
```

从例 9-8 可以看到，由于 Calendar 类是抽象类，且 Calendar 类的构造方法是 protected 的，所以无法使用 Calendar 类的构造方法来创建对象，API 中提供了 getInstance 方法用来创建对象。使用该方法获得的 Calendar 对象就代表当前的系统时间，由于 Calendar 类 toString 实现得没有 Date 类那么直观，所以通过 Calendar 类的 getTime()方法将 Calendar 类转换成 Date 类进行输出。当然也可以通过 Calendar 类的 get（int field）方法获得 Calendar 类的信息，进而输出对应的时间。

2．使用 Calendar 类代表指定的时间，并且获取使用 Calendar 类的相关信息。

```
package Chapter9;
import java.util.Calendar;
public class Chapter9_9 {
    /**
     使用 Calendar 类代表指定的时间，并且获取使用 Calendar 类的相关信息
     */
    public static void main(String[] args) {
        Calendar cd = Calendar.getInstance();
        cd.set(2014, 2 - 1, 27);
        int year = cd.get(Calendar.YEAR);
        int month = cd.get(Calendar.MONTH) + 1;
        int date = cd.get(Calendar.DATE);
        int hour = cd.get(Calendar.HOUR_OF_DAY);
        int minute = cd.get(Calendar.MINUTE);
        int second = cd.get(Calendar.SECOND);
        int day = cd.get(Calendar.DAY_OF_WEEK);
        System.out.println("年份:" + year);
        System.out.println("月份:" + month);
        System.out.println("日期:" + date);
        System.out.println("小时:" + hour);
        System.out.println("分钟:" + minute);
        System.out.println("秒:" + second);
        System.out.println("星期:" + day);
    }
}
```

运行结果为：

```
年份:2014
月份:2
日期:27
小时:18
分钟:50
秒:9
星期:5
```

例中通过 Calendar 类的 set 方法设置时间，set 方法的语法格式为："public final void set(int year,int month,int date)"。

以上示例代码设置的时间为 2014 年 2 月 27 日，其参数的结构和 Date 类不一样。Calendar 类中年份的数值直接书写，月份的值为实际的月份值减 1，日期的值就是实际的日期值。

如果只设定某个字段，如日期的值，则可以使用如下 set 方法：

```
public void set(int field,int value)
```

在该方法中，参数 field 代表要设置的字段的类型，常见类型如下：

Calendar.YEAR——年份

Calendar.MONTH——月份

Calendar.DATE——日期

Calendar.DAY_OF_MONTH——日期，和上面的字段完全相同

Calendar.HOUR——十二小时制的小时数

Calendar.HOUR_OF_DAY——二十四小时制的小时数

Calendar.MINUTE——分钟

Calendar.SECOND——秒

Calendar.DAY_OF_WEEK——指示一个星期中的某天

在上例中，通过 set 方法直接设定了年月日，所以输出的小时、分钟、秒等时间信息默认是当前系统的时间。如果有必要，可以对小时、分钟等信息进行人工设定。例如：

```
cd.set(Calendar.HOUR_OF_DAY, 12);
cd.set(Calendar.MINUTE, 30);
cd.set(Calendar.SECOND, 40);
```

这些读者可以自行测试一下。

另外，在上例中使用 Calendar 类中的 get 方法可以获得 Calendar 对象中对应的信息，get 方法的声明如下："public int get(int field)"。其中参数 field 代表需要获得的字段的值，字段说明和上面的 set 方法保持一致。

9.3.3 实现日期类的格式化

一般使用格式化类 SimpleDateFormat 的 format(Date time)方法进行格式化日期。SimpleDateFormat 是一个以与语言环境有关的方式来格式化和解析日期的具体类。它允许进行格式化（日期 -> 文本）、解析（文本 -> 日期）和规范化，使得可以选择任何用户定义的日期-时间格式的模式。

【例 9-9】 对日期进行格式化输出。

```
package Chapter9;
import java.text.SimpleDateFormat;
import java.util.Date;
public class Chapter9_10 {
    /**
     对日期进行格式化输出
     */
    public static void main(String[] args) {
        Date date=new Date();
        SimpleDateFormat df=new SimpleDateFormat("yyyy-MM-dd hh:mm:ss");
```

```
            String time=df.format(date);
            System.out.println(time);
        }
    }
```

SimpleDateFormat 类的构造方法有两种形式：

```
SimpleDateFormat sFormat = new SimpleDateFormat(String pattern);
```

或者

```
SimpleDateFormat sFormat=new SimpleDateFormat();sFormat.applyPattern(String pattern);
```

其中 pattern 表示格式字符串，如上例中的“yyyy-MM-dd hh:mm:ss”，可以根据具体情况设定格式字符串。上例中的 pattern 可以更改为“yyyy-MM-dd”或者“yy-MM-dd”，读者可以自行测试。另外需要注意的是，月份的 M 是大写的，分钟的 m 是小写的。

9.4　应 用 举 例

在本章的内容中，主要介绍了 Java 中常用的类，如数学类、日期类等，在编程中这些类是被经常用到的。下面将介绍一个综合案例——模拟考试系统，在这个案例中，将用到本章所学的很多知识。

【例 9-10】 模拟考试系统。设计一个模拟考试系统，该考试系统中有三道题：加法、乘法和判断题，系统可以进行随机出题，答对一道加 33 分，答错一道扣 33 分。三道题做完后给出最终分数，并且可以重复答题。

运行界面为：

```
**********加法题**********
0+2=输入答案:

2
答对了加 33 分，现在分数为：33
**********乘法题**********
1*0=输入答案:

0
答对了加 33 分，现在分数为：66
**********判断题**********
8、2 哪个大，输入答案:
8
输入 yes 继续，no 退出
```

程序按照面向对象的思想进行设计。

计算题类 Calculation.java，这个类是一个抽象类，其他的类都要继承它。

```
package pojo;
public abstract class Calculation {
    public static int score=0;
    public abstract void Calculate();
}
```

加法题类 JiaFa.java：

```
package pojo;
import java.util.Scanner;
public class JiaFa extends Calculation {
    Scanner input=new Scanner(System.in);
    int num1,num2;
    @Override
    public void Calculate() {
        System.out.println("**********加法题**********");
        num1=(int)(Math.random()*10);
        num2=(int)(Math.random()*10);
        System.out.println(num1+"+"+num2+"="+"输入答案:"+"\n");
        int answer=input.nextInt();
        if(answer==num1+num2)
        {
            Calculation.score+=33;
            System.out.println("答对了加 33 分,现在分数为:"+Calculation.score);
        }
        else
        {
            Calculation.score-=33;
            System.out.println("答错了减 33 分,现在分数为:"+Calculation.score);
        }
    }
}
```

乘法题类 ChengFa.java：

```
package pojo;
import java.util.Scanner;
public class ChengFa extends Calculation {
    Scanner input=new Scanner(System.in);
    int num1,num2;
    @Override
    public void Calculate() {
        System.out.println("**********乘法题**********");
        num1=(int)(Math.random()*10);
        num2=(int)(Math.random()*10);
        System.out.println(num1+"*"+num2+"="+"输入答案:"+"\n");
        int answer=input.nextInt();
        if(answer==num1*num2)
        {
            Calculation.score+=33;
            System.out.println("答对了加 33 分,现在分数为:"+Calculation.score);
        }
        else
        {
            Calculation.score-=33;
            System.out.println("答错了减 33 分,现在分数为:"+Calculation.score);
        }
    }
}
```

判断题类 PanDuan.java：

```
package pojo;
```

```
import java.util.Scanner;
public class PanDuan extends Calculation {
    Scanner input=new Scanner(System.in);
    int num1,num2;
    @Override
    public void Calculate() {
        System.out.println("**********判断题**********");
        num1=(int)(Math.random()*10);
        num2=(int)(Math.random()*10);
        System.out.println(num1+"、"+num2+"哪个大，输入答案");
        int max=Math.max(num1, num2);
        int m=input.nextInt();
        if(m>max)
        {
            Calculation.score+=33;
            System.out.println("答对了加33分,现在分数为:"+Calculation.score);
        }
        else if(m<max)
        {
            Calculation.score-=33;
            System.out.println("答错了减33分,现在分数为:"+Calculation.score);
        }
    }
}
```

启动类 Start.java：

```
package test;
import java.util.Scanner;
import pojo.*;
public class Start {
    /**
     * @param args
     */
    public static void main(String[] args) {
        Scanner input=new Scanner(System.in);
        String flay="yes";
        do{
        JiaFa jiafa=new JiaFa();
        jiafa.Calculate();
        ChengFa chengfa=new ChengFa();
        chengfa.Calculate();
        PanDuan panduan=new PanDuan();
        panduan.Calculate();
        System.out.println("输入yes继续,no退出");
        flay=input.next();
        if(!"yes".equals(flay)&&!"no".equals(flay))
        {
            System.out.println("输入有误");
            break;
        }
        }while("yes".equals(flay));
        switch(Calculation.score/10)
        {
```

```
        case 9:
        case 10:System.out.println("成绩为优秀");break;
        case 8:System.out.println("成绩为良好");break;
        case 7:System.out.println("成绩为中等");break;
        case 6:System.out.println("成绩为及格");break;
        default:
            System.out.println("成绩为不及格");
        }
    }
}
```

习 题

一、选择题

1．下列方法属于 java.lang.Math 类的有（方法名相同即可）（ ）。

A．random() B．abs() C．sqrt() D．pow()

2．以下正确的表达式有（ ）。

A．double a=2.0; B．Double a=new Double(2.0);

C．byte A= 350; D．Byte a = 120;

3．System 类在哪个包中？（ ）

A．java.awt B．java.lang C．java.util D．java.io

4．关于 Float，下列说法正确的是（ ）。

A．Float 在 java.lang 包中 B．Float a=1.0 是正确的赋值方法

C．Float 是一个类 D．Float a= new Float(1.0)是正确的

二、简答题

1．计算调用下列方法的结果。

```
Math.sqrt(4); Math.pow(4, 3); Math.max(2, Math.min(3, 4));
```

2．什么叫引用类型？引用类型和基本数据类型有什么区别？

3．包装器类型包括哪些类？有什么作用？

4．Date 和 Calender 类有什么区别和联系？

5．DateFormart 类有什么作用？用简单代码展示其使用方法。

6．SimpleDateFormat 类有什么作用？用简单代码展示其使用方法。

7．什么是自动装箱/拆箱？使用该特征有哪些注意事项？

三、程序题

1．输出某年某月的日历页，通过 main 方法的参数将年份和月份时间传递到程序中。

2．计算某年、某月、某日和某年、某月、某日之间的天数间隔。要求年、月、日通过 main 方法的参数传递到程序中。

参 考 文 献

[1] 雍俊海. Java 程序设计（第 2 版）. 北京：清华大学出版社，2014.

[2] 耿祥义. Java 基础教程（第 3 版）. 北京：清华大学出版社，2012.

[3] 代永亮. Java 程序设计基础. 北京：人民邮电出版社，2012.

[4] 雍俊海. Java 程序设计习题集. 北京：清华大学出版社，2006.

[5] 郑莉. Java 语言程序设计. 北京：清华大学出版社，2005.

[6] 谭浩强. C 语言程序设计（第 2 版）. 北京：清华大学出版社，2002.

[7] 谭浩强. C++程序设计（第 3 版）. 北京：清华大学出版社，2015.

[8] 程龙. Java 编程技术. 北京：人民邮电出版社，2003.

[9] 董丽. Java 技术及其应用. 北京：高等教育出版社，2002.

[10] 苗连强. JSP 程序设计基础教程. 北京：人民邮电出版社，2009.

[11] 叶核亚. Java 程序设计实用教程（第 4 版）. 北京：电子工业出版社，2013.

[12] 张洪斌. Java 程序设计百事通. 北京：清华大学出版社，2001.

[13] 严蔚敏. 数据结构（第 2 版）. 北京：清华大学出版社，1992.

[14] 李源. Java 程序设计经典 300 例. 北京：电子工业出版社，2013.

[15] 关忠，金颖. Java 程序设计案例教程. 北京：电子工业出版社，2013.

[16] 刘甫迎. Java 程序设计教程. 北京：电子工业出版社，2010.

[17] 孙风栋，王澜. Oracle 11g 数据库基础教程. 北京：电子工业出版社，2014.

[18] 郑阿奇. MySQL 实用教程（第 2 版）. 北京：电子工业出版社，2014.